Tasty Food
食在好吃

电饭锅做菜
一本就够

杨桃美食编辑部 主编

江苏凤凰科学技术出版社
·南京·

图书在版编目（CIP）数据

电饭锅做菜一本就够 / 杨桃美食编辑部主编 . -- 南京 : 江苏凤凰科学技术出版社 , 2015.8（2020.9 重印）

（食在好吃系列）

ISBN 978-7-5537-4610-4

Ⅰ . ①电… Ⅱ . ①杨… Ⅲ . ①菜谱 Ⅳ .

① TS972.12

中国版本图书馆 CIP 数据核字 (2015) 第 110357 号

电饭锅做菜一本就够

主　　　编	杨桃美食编辑部
责 任 编 辑	葛　昀
责 任 监 制	方　晨

出 版 发 行	江苏凤凰科学技术出版社
出版社地址	南京市湖南路 1 号 A 楼，邮编：210009
出版社网址	http://www.pspress.cn
印　　　刷	天津旭丰源印刷有限公司

开　　　本	718mm×1000mm　1/16
印　　　张	10
插　　　页	4
字　　　数	250 000
版　　　次	2015 年 8 月第 1 版
印　　　次	2020 年 9 月第 3 次印刷

标 准 书 号	ISBN 978-7-5537-4610-4
定　　　价	29.80 元

图书如有印装质量问题，可随时向我社出版科调换。

电饭锅无油烟做菜更便利

LESSON 1
从这开始
电饭锅的基础使用

10　好用的电饭锅配件大公开
12　电饭锅的清洁与保养
14　电饭锅基础功能&独特功能

LESSON 2
美味想不到
电饭锅的创意妙用

20　台式炒面
21　家常炒面
22　意大利肉酱面
23　煎饺
23　水煎包
24　台式油饭
24　茶香三文鱼饭团
25　酸辣汤饺
25　馄饨蛋包汤
26　什锦泡菜火锅
27　鸡肉亲子丼
27　三色蛋
28　鱼粒蒸蛋
28　薰衣草蒸蛋
29　虾仁茶碗蒸
30　五香茶叶蛋
31　红薯土豆沙拉
32　酸奶

LESSON 3
快速上菜
一锅搞定三道菜

35	色拉冷笋	41	皮蛋瘦肉粥	47	树子蒸圆白菜
35	卤豆干	41	青葱拌鸡丝	47	鸡丝拌黄瓜
35	卤排骨	41	鱼板蒸丝瓜	47	鲜笋汤
37	花瓜蒸鲜鱼	43	姜泥南瓜	49	豆酱肉馅蒸豆腐
37	德国香肠佐洋葱	43	蒜泥肉片	49	洋葱蛋
37	鱼板蒸水蛋	43	萝卜汤	49	腊味蒸饭
39	蒜蒸花椰菜	45	蒜苗香肠	51	蒸小卷
39	卤豆腐	45	清蒸瓠瓜	51	蒜蒸四季豆
39	香菇肉燥	45	瓜仔肉	51	竹笋蒸饭

LESSON 4
轻松省事
好吃饭菜一锅端

54	电饭锅煮大米饭	61	南瓜火腿饭	66	芋头油葱饭
55	煮米饭好吃的六大秘诀	62	红豆薏仁饭	67	蒜味八宝饭
56	五谷杂粮饭	62	芋头红薯饭	67	蘑菇卤肉饭
57	五色养生饭	63	桂圆红枣饭	68	咖喱三色饭
58	珍菇饭	63	黄豆糙米饭	69	火腿笋丝饭
59	菠菜发芽米饭	64	燕麦小米饭	69	红薯鸡丁饭
60	椰香饭	65	杂菇养生饭	70	豆芽海带芽饭
60	山药马蹄饭	65	海苔芝麻饭	70	鲔鱼鸡肉饭
61	黄豆排骨饭	66	麻油鸡饭		

LESSON 5
营养美味
甜粥咸粥随意吃

72 洗米熬粥有讲究，美味粥品变化多	79 红豆荞麦粥	84 小米南瓜子粥
75 咸稀饭	79 麦片甜粥	84 黄花菜排骨粥
75 白粥	80 提子红薯粥	85 黄金鸡肉粥
76 排骨燕麦粥	80 杏仁豆浆粥	85 栗子鸡肉粥
76 银耳莲子粥	81 花生仁粥	86 玉米火腿粥
77 绿豆小薏仁粥	81 柿干绿豆粥	87 海苔碎牛粥
77 小米粥	82 苹果黑枣粥	87 腊味芋头粥
78 八宝粥	82 坚果素粥	88 鱼丸蔬菜粥
	83 养生粥	88 三菇猪肝粥

LESSON 6
炖补养生
香浓肉汤好滋味

90 排骨玉米汤	96 姜丝鲫鱼汤	102 香炖牛肋汤
90 冬瓜贡丸汤	96 薏仁红枣排骨汤	103 糙米浆炖鸡汤
91 黄瓜排骨汤	97 干贝竹荪鸡汤	103 山药乌骨鸡汤
91 苦瓜排骨酥汤	97 蒜子鸡汤	104 养生排骨汤
92 酸菜鸭汤	98 糙米黑豆排骨汤	104 四物鸡
92 香菇凤爪汤	99 巴西蘑菇木耳鸡汤	105 蒜子炖鳗鱼
93 火腿冬瓜夹汤	100 黑枣山药鸡汤	105 当归炖鱼
94 玉米龙骨汤	100 清炖鸡汤	106 莲藕排骨汤
94 萝卜马蹄汤	101 姜丝豆酱炖鸭	106 绍兴酒煮虾
95 枸杞子蒸鲜贝	101 人参枸杞子鸡汤	
95 萝卜鲜虾锅	102 四神猪肚汤	

LESSON 7
吃饱吃好
最是主菜不可少

108 栗子香菇鸡
108 豆豉鸡
109 东江盐焗鸡
109 笋块蒸鸡
110 辣酱冬瓜鸡
110 醉鸡

111 芋头焖排骨
111 鱼香排骨
112 蒜香煲排骨
112 梅干蒸肉饼
113 腊肉豆腐
113 碎肉豆腐饼

114 油豆腐炖肉
114 红曲萝卜肉
115 胡萝卜炖牛腱
115 咖喱牛腱
116 红仁猪蹄
116 辣酱蒸爆猪皮

LESSON 8
有鱼有虾
饭菜质量才叫高

118 腌梅蒸鳕鱼
118 松菇三文鱼卷
119 咖喱鲷鱼片
119 鳕鱼破布子
120 豆豉虱目鱼
120 泰式蒸鱼
121 黑椒蒜香鱼

121 清蒸鲜鱼
122 塔香鱼
123 蒜泥鱼片
123 豆瓣鱼片
124 红烧鱼
124 青椒鱼片
125 破布子鱼头

125 香菇镶虾浆
126 葱油蒸虾
126 甜辣鱼片
127 蒜泥虾
127 盐水虾
128 萝卜丝蒸虾
128 酸辣蒸虾

LESSON 9

鲜蔬菇豆
家常小菜最养人

130 珍菇豆腐
130 茭白夹红心
131 蒸苦瓜薄片
132 豆腐虾仁
133 咸鱼蒸豆腐
133 蜜汁素火腿
134 咸冬瓜蒸豆腐
134 肉末卤圆白菜

135 奶油菜卷
135 圆白菜虾卷
136 干贝白菜
136 蒸茄条
137 蒸酿大黄瓜
137 干贝蒸山药
138 椰汁土豆
138 鸡汤苋菜

139 清蒸时蔬
139 鲜菇蒸豆腐
140 茄香咸鱼
140 虾米蒸胡瓜
141 彩椒鲜菇
141 丝瓜蛤蜊蒸粉丝
142 豆酱蒸桂竹笋
142 蒸素什锦

LESSON 10

餐后甜点
一丝甜蜜润心喉

144 蒸蛋糕
145 发糕
146 马拉糕
147 红豆汤
147 传统豆花
148 酒酿汤圆
148 冰糖莲子汤
149 薄荷香瓜冻
149 绿豆仁炖山药
150 杏仁水果冻

150 银耳红枣桂圆汤
151 川贝莲子炖雪梨
151 百合莲枣茶
152 绿豆汤
152 花生汤
153 芋头西米露
153 紫山药桂圆甜汤
154 姜汁红薯汤
154 牛奶花生汤
155 红豆麻糬汤

155 紫米莲子甜汤
156 绿豆薏仁汤
156 枸杞子桂圆汤
157 冰糖炖雪梨
157 木瓜炖冰糖
158 花生仁炖百合
158 糯米百合糖水
159 红枣炖南瓜
159 菠萝银耳羹
160 红薯薏仁汤

单位换算	固体类 / 油脂类
	1大匙 ≈ 15克
	1小匙 ≈ 5克
	液体类
	1杯 ≈ 180~200毫升
	1碗 ≈ 500毫升

导读

电饭锅无油烟，做菜更便利

　　健康无烟烹调已成为时代的主流，对于房子不够大的小家庭，或者在外住宿不方便置办太多物件的人来说，电饭锅是一个很好的工具。不管是谁，也不管住哪里，电饭锅都是必不可少的。对于大多数人来说，电饭锅的功能就是煮饭，实际上，蒸、炖、煎、炒、烘、烤，你能想到的烹饪方式，电饭锅几乎都能做到。

　　不管是一人食，还是三口之家，甚至你想在家里招待个朋友，电饭锅都能一次搞定，除了煮饭，电饭锅还可以几道菜一起蒸、煮，炖汤，做甜品。将食材洗好，放进锅里，去看书，打扫卫生，与朋友聊天，总之，去做你自己的事情吧，电饭锅会将一切搞定，等到香气四溢的时候，再来开锅就对了！

　　快节奏时代忙碌的你，还在吃着味同嚼蜡的快餐吗？这里有百余种电锅料理，保证你一年四季经济实惠，花样百出吃不腻！

LESSON 1

从这开始

电饭锅的基础使用

电饭锅就是拿来煮饭的？ 错！没有做不到，只有想不到，电饭锅的妙用多的是，煎炸炒炖，甚至蒸蛋糕，样样行。

好用的电饭锅配件大公开

1. 洗米器

　　将米放入洗米器内，并放在水龙头底下，直接注入自来水，下方以锅盆承接流出的水，里头的米就会通过洗米器内水的自动循环的功能，达到清洗目的，而盆内的水，还可进一步用来洗碗或浇花。这样可避免直接用电饭锅内锅洗米而伤到内锅，也不必担心伤手。

2. 防烫夹

　　专门为碗的弧形及大小而设计的防烫夹，是主妇的好帮手。使用时将夹子固定在碗　　　　的两侧，用力时，夹子上的　　　　　凸起会将碗扣紧，从而防止滑动，这样便可以轻松将碗从电饭锅中夹出。

3. 饭瓢置放盒

　　将饭匙取出时，置放盒会自动开启。盒底性，可固定在桌面上，但近火源，且周围不可放皮、柠檬皮等，以放盒变质。

具有磁不可靠置柑橘防置

4. 不锈钢上层锅兼内锅盖

　　与电饭锅内锅配合使用，可以上蒸下煮，同时做2道菜，也可以当内锅盖。

5. 不锈钢蒸锅

将食物直接放在上面蒸, 如: 包子、饺子等, 而其最棒的功能是可以同时蒸6个带壳蛋。

好用的电饭锅, 并不是所有的餐具都适用。请好好把下列电饭锅的好搭档和缘分指数0%的用具记住, 这样日后用起来便会得心应手。

【速配指数100%用具】

◎耐热陶器、瓷器

◎耐热玻璃

◎耐热塑料

◎铁、不锈钢餐具

◎竹制、木头制餐具

◎耐热纸器

◎防烫碟夹、碗夹、锅夹

【缘分指数0% 用具】

◎不耐热的塑料器具

◎漆器

因为这些餐具都不能承受高温, 而电饭锅蒸煮温度会超过100℃, 因此不宜搭配使用。

电饭锅的清洁与保养

使用软刷擦拭，勿用钢刷

　　清洗电锅时，不要用钢刷用力刷洗，这样很容易刮伤锅面，导致受热不均匀或食物沾黏锅壁的现象。

特殊不粘材质用布擦拭即可

　　有时电饭锅内用的是特殊不粘材质，所以只要用棉布简单擦拭干净即可。

白醋水清洁消异味

　　白醋加水稀释后，倒入锅内清洁，可有效消除锅内的异味。

倒除余水并擦干防发霉

　　每次使用完毕，要将锅内多余的水倒除，且让锅内完全干燥，以避免长期闷盖而发霉。

锅盖锅身可用牙膏擦拭保洁

　　电锅盖或锅身，用久了容易粘上油渍或污渍，此时用棉布粘上少许牙膏擦拭，再用纸巾擦干净后就光亮如新了。

加水量影响炖煮时间长短

因为电饭锅是借由水蒸煮间接加热烹调，所以外锅水量的多寡，除了直接影响到炖煮时间的长短外，也会影响食物的风味。通常1/2杯水，可以蒸10分钟，1杯水可蒸15~20分钟，2杯水则可蒸30~40分钟。如果炖煮不易熟的食材，可以增加外锅的水量，以延长炖煮时间，但是续加水时，一定要用开水，以免锅内温度骤降，影响烹调时间与料理的风味。此外，如要加盐等调料，起锅前加最好。

料理保温，不宜超过12小时

料理用电饭锅保温时，不要将饭勺、汤匙等器具放于锅内，同时要盖好锅盖，以免影响料理气味，且为了避免饭菜走味，保温时间，最好不要超过12小时。

内锅要配合外锅的高度

不要使用超过外锅高度的内锅，以免锅盖盖上后无法密合，且加热后，所产生于锅盖内的蒸汽流入内锅中，从而影响料理风味。

不用内锅来淘洗食物

一般人喜欢用电饭锅内锅来洗米，如此容易让内锅变形，从而影响食物在电锅中受热均匀的程度。

内锅宜放入外锅正中央

这是因为如果将内锅偏于一侧，煮出来的食物会受热不平均，且锅盖上的水蒸汽，会在蒸时，沿着靠外锅壁的内锅，流入内锅的料理中，这样易使料理走味。

依食材易熟度，调整加热时间

如果是不易熟的食材，可以先加热炖煮，待开关跳起后，再加入其余易熟的食材，并在外锅加入足够的冷水，等到开关第二次跳起即完成。

依照料理特性，决定入锅时机

用电饭锅蒸煮生的包子、馒头等发酵的料理时，要等到外锅的水沸腾，锅子冒出蒸汽后再放入。

不要整个电饭锅拿到水龙头下冲洗

清洗电饭锅时，要避免将整个电饭锅拿到水龙头下冲水，若电饭锅连接电线的部分接触到水，容易造成故障或漏电。

电饭锅基础功能&独特功能

蒸 将食物放入蒸盘，外锅加水，利用蒸汽将食物蒸熟，不但食物的营养不流失，还可以保住食物的原味。用电饭锅蒸鱼时，不用担心鱼肉太老太硬，可先在外锅加水，打开开关，并盖上锅盖，等看到锅子冒出蒸汽时，再将食物放进蒸盘中，蒸出来的鱼肉较新鲜。

煮 电饭锅最早的设计，就是用来煮饭，别以为利用电饭锅煮饭很简单，要煮出软硬适中、香喷喷的一锅饭，也是一门很高的学问！首先将米洗净，加入适量水，倒入内锅，最好能浸泡30分钟以上再煮，等开关跳起来后，最好再焖上15分钟才掀开盖子，如此一来，米饭便更加香软可口，保温时也比较不易干黄变质。而添好饭后，要将锅盖完全盖好，如果没有完全盖好，容易造成米饭干燥、变色，产生异味。

　　同时，随着大家善用电饭锅的巧思不断涌现，现在想用电饭锅直接煮火锅也是再简单不过的事情。

炒 家里缺口炒菜锅吗？只要在电饭锅内放个小内锅，接上电源、打开开关，倒入少许油再加入食材，就可以炒出美味的家常菜！

煎 想象不到吧！将内锅取出后，光运用电饭锅，也可以轻松煎出香喷喷的饺子。

卤 无须担心煤气炉上的炉火，只要将想卤的食材放入电饭锅中，设定好加热时间就可以毫不费力地等着美味上桌。

炖

将食材放入内锅中，在外锅加入适量水，用电饭锅炖煮食物，由于食物没有经过翻搅，炖煮出来的汤汁便不会混浊，且口感清爽。

一锅多菜，锡箔纸包菜

用锡箔纸包裹菜，放入蒸锅内一起蒸，可一次做多样菜，避免蒸的过程中水分流失。

一锅多菜，三层架使用

利用筷子当隔层，不仅不会占太多空间，还可以通过层层叠叠的方式，放入多盘菜。

一锅多菜，双层架使用

使用电饭锅内附配件当格层，就可以巧妙地用一个电饭锅同时做出多道料理。

做点心

有了电饭锅，就可以轻松享用到家乡味的各式点心，如包子、馒头、年糕、萝卜糕等。因为许多传统点心，秘诀就在蒸的功夫上，利用电饭锅做点心，口感更佳。

自动控制火候大小、烹调时间

现在的电饭锅可以控制烹调温度和时间，不必时时查看或随时翻动锅内的食物。

间热式烹调，营养不流失

食物中富含的养分和固有的风味，容易在直接加热的过程中被破坏，电饭锅以隔水加热的方式炊煮，食物不直接受热，也较能保留食物的原味和营养。

随时保温

放在电饭锅中保温，可以随时吃到暖乎乎的食物，也不必反复加热。

一锅多菜，蒸笼使用

有了电饭锅可以增购不锈钢蒸笼，具备蒸汽孔、特殊收纳，蒸笼与内锅可同时蒸煮及炖卤食物，搭配使用灵活方便，蒸汽孔位于最外围，水汽凝结不会滴到食物，蒸煮食物营养不流失，美味又可口，特殊收纳设计，收藏方便，适合10~11人电饭锅使用。

加热包子馒头

冷冻包子与馒头，最适合用电饭锅蒸热（用微波炉加热容易变硬）。从冰箱中取出后不需解冻，直接放在电饭锅层架上，外锅加水，盖上锅盖、按下开关，没多久包子与馒头就又热又柔软了，当早餐或点心最方便。

蒸粽子

有的人会包一大串的粽子，吃不完冷冻起来可以保存较久。冰得硬邦邦的粽子，不论豆沙粽还是肉馅粽，用电饭锅来加热最方便，不需解冻，可直接放在容器内或电饭锅层架上，外锅加水，盖上锅盖、按下开关，开关跳起就香味四溢。

烤乌鱼子

电饭锅煮完食物后，可利用锅内的余热，快速将切片乌鱼子放入外锅底部烧烤（注意底部要干燥），烤好的乌鱼子可当开胃前菜，或用来下酒配菜都不错！

披萨回温加热

披萨一买就是一大个，一餐吃不完，凉了又影响风味，电饭锅受热较均匀且不易烤焦，故用电饭锅加热的披萨会比较接近刚出炉时的口感。

加热喜饼

传统喜饼（大饼）内馅常包肉燥、咖喱等口味，有些冷了之后吃起来会略显油腻，建议用电饭锅略加热再吃，这样会比较松软、口感会更好！

煮豆浆

自己做豆浆，最后一个步骤是加热煮熟，通常用煤气炉煮，要用小火慢慢煮，但豆浆又是浓稠的液体，炉火稍没控制好，底部就容易烧焦、产生焦味。改用电饭锅煮豆浆，温度一致、没有加热不均的情形产生，可让豆浆更香浓美味！

蒸饺子、蒸烧卖

电饭锅可以做煎饺，也可以做蒸饺。港式茶楼最常见的烧卖、蒸饺，全都可以用电饭锅快速加热。

奶瓶高温杀菌

婴幼儿、小朋友的奶嘴奶瓶最需要保持清洁，清洁之后还需要高温消毒杀菌。只需将洗净的奶瓶放入电饭锅中蒸干水分，利用电锅的高温就可达到杀菌的目的。

当成焖烧锅

食物在煤气炉上煮完后，难煮的食物，可放入不插电的电饭锅中加盖闷放，利用内部密闭循环，起到类似焖烧锅的作用，从而让食物软化熟透。

温热清酒

常用来搭配日本料理的清酒，温热才好喝。用电饭锅来加热清酒，可确保风味不流失。

烫青菜

电饭锅也可以烫青菜。内锅加水煮沸，中途开盖加入切好的青菜，依青菜软硬度不同，略焖1~3分钟，待青菜软后，打开取出，淋上酱料即可食用。

收纳食物

食物一餐吃不完，预备下一餐食用时，可以不用放冰箱，这时可放入电饭锅里，不但防蚊虫，也能避免菜一直放在餐桌上，接触空气易流失水分。

当作发酵箱

有些面团需要放入发酵箱里等待发酵，但一般家庭可能没有发酵箱，这时可以利用电饭锅来充当发酵箱，让面团膨胀发酵。

烤面包

将做好的面团放入电饭锅内锅中，在外锅加水烤到水干，电饭锅的热气能让面团预热膨大烤成面包。

电饭锅轻松打发一餐

将洗好的米、调料和其他食材全部放入内锅中，在外锅加入水，按下电锅开关，一碗美味好吃的菜饭就可轻松上桌！

蒸布丁

外锅加水预热，将盛入容器中的布丁直接放入电饭锅中蒸即可。

电饭锅做麻糬

将水和糯米粉拌匀，分成数个，放入电锅中蒸至透明后，先取出混合成团，再放入电饭锅中蒸熟即可。

LESSON 2

美味想不到
电饭锅的创意妙用

不想吃饭，就想吃面，吃火锅？没问题！台式炒面、意大利
肉酱面……各地美食，谁说一定要用特定的炊具才能做得出来？

台式炒面

🌱 材料

鸡蛋面（干）	150克
胡萝卜	30克
青葱	2根
芹菜	25克
猪肉丝	100克
水	100毫升

🍞 调料

酱油	2大匙
糖	1/2小匙
盐	1/2小匙
白胡椒粉	1大匙
色拉油	少许

📋 做法

❶ 胡萝卜削皮、切丝；青葱洗净切段；芹菜洗净去叶、切段，备用。

❷ 取一电饭锅，外锅倒入1/4杯水（分量外），再放入空内锅，盖上盖子、按下开关，待内锅热时倒入少许油，放入青葱段爆香，再加入猪肉丝拌炒至肉色变白，接着放入水、胡萝卜丝、芹菜段、其余所有调料及面条。

❸ 电饭锅外锅倒入1杯水（分量外），盖上锅盖待开关跳起，盛盘即可。

家常炒面

材料

家常面条　　1小把
即食调料包　1包
温开水　　　适量
色拉油　　　适量

做法

1. 在电饭锅内锅中滴入1小滴油，以厨房纸巾将锅内的油涂抹均匀。
2. 取1小把面条，整理成一束，将面条平均放入抹好油的电饭锅内锅，打开即食调料包，将适量调料均匀淋在白面条上。
3. 倒入适量温开水略搅拌，再将调料包中剩余的材料和汤汁完全倒入内锅中。
4. 将电饭锅内锅放入外锅中，盖上锅盖，选取快速煮饭功能蒸煮。
5. 电饭锅蒸煮完成后，开盖将面条搅拌均匀即可。

意大利肉酱面

做法

❶ 洋葱、西红柿洗净切丁，备用。

❷ 取一电饭锅，外锅倒入1/4杯水（分量外），再放入空内锅，按下开关，待内锅热时倒入少许油，放入洋葱末炒香，再加入猪肉馅拌炒至肉色变白，继续放入西红柿酱、100毫升水、西红柿丁、意大利面条。

❸ 在电饭锅外锅再倒入1.5杯水（分量外），盖上锅盖待开关跳起，盛盘后加入少许香芹作装饰即可。

煎饺

材料
生水饺20个，水适量

调料
色拉油少许

做法
1. 外锅洗净，加少许水，盖上盖子、按下开关，待外锅热时加少许色拉油，再依序排入生水饺。
2. 在水饺上加适量水（水淹过饺子一半即可），盖上锅盖、按下开关，煮至开关跳起、水分收干时铲起煎饺即可。

水煎包

材料
煎包5个，水适量

调料
色拉油少许

做法
1. 外锅洗净，加少许水，盖上盖子、按下开关，待外锅热时加少许色拉油，再依序排入煎包。
2. 再加入水（水量要可淹过煎包的一半），盖上锅盖、按下开关，煮至开关跳起、水分收干，即可铲起。

美味小知识　新式电饭锅使用纳米陶瓷远红外线涂料，有不粘锅的功能，用来煎食物更方便，不粘黏且更好清洗。

23

台式油饭

材料
糯米2杯，水（八分满）2 杯，干香菇2个，虾米20克，肉丝100克

调料
酱油2大匙，糖1/2小匙，盐1/2小匙，红葱酥2大匙，白胡椒粉1大匙，水100毫升，色拉油适量

做法
1. 干香菇用水泡软、切丝；虾米用水泡软、沥干；糯米洗净沥干，放入内锅，再加入2杯水，外锅倒 1杯水（分量外），按下开关，跳起后焖 5分钟，取出备用。
2. 外锅倒1/4杯水（分量外），放入内锅，按下开关，待锅热时倒入少许油，放入香菇丝、虾米爆香，再加入肉丝拌炒至肉变白色，续放入其他调料煮开，将糯米饭倒入拌匀。
3. 外锅倒入1/4杯水（分量外），按下开关，待开关跳起，再焖5分钟即可。

茶香三文鱼饭团

材料
大米450克，乌龙茶汁360毫升，三文鱼肉片150克，料酒1大匙

调料
拌饭香松适量

做法
1. 三文鱼洗净，以料酒腌渍备用。
2. 大米洗净，放入电饭锅内锅中，加入乌龙茶汁。
3. 三文鱼肉片放入内锅中，将内锅放入外锅内，按下煮饭键煮熟。
4. 饭中拌入拌饭香松，并将三文鱼肉片弄碎与白饭拌匀。
5. 取适量饭，包成饭团即可。

酸辣汤饺

材料
生水饺15个，嫩豆腐1/2块，猪血100克，肉丝50克，竹笋丝30克，胡萝卜丝20克，鸡蛋1个，水淀粉2大匙，水5杯

调料
白胡椒1大匙，盐1小匙，黑醋3大匙，白醋3大匙

做法
① 嫩豆腐切小块；内锅加入5杯水，放入嫩豆腐、猪血、肉丝、竹笋丝、胡萝卜丝、生水饺，外锅倒入15杯水（分量外），盖上盖子、按下开关。
② 待开关跳起后，将水淀粉倒入汤中勾芡，再将鸡蛋打散倒入汤中，盖上锅盖焖30秒，加入所有调料拌匀，盛碗后撒上葱花即可。

馄饨蛋包汤

材料
馄饨15个，鸡蛋2个，水5杯

调料
鲜美露、盐、红葱酥、芹菜末各适量

做法
① 电饭锅内锅放入5杯水及馄饨，外锅倒1杯水（分量外），盖上盖子、按下开关，待开关跳起后，将蛋打入内锅，加少许鲜美露、盐拌匀。
② 在外锅再倒1/4杯水（分量外），盖上盖子、按下开关，待开关跳起后，盛碗，加入红葱酥及芹菜末即可。

什锦泡菜火锅

材料
泡菜	1罐
综合火锅料	适量
洋葱丝	30克
薄肉片	100克
水	2500毫升

调料
韩国辣椒酱	2大匙
盐	少许
色拉油	适量

做法
❶ 外锅洗净，加少许水（分量外），盖上盖子、按下开关，待外锅热时，加少许色拉油爆香洋葱丝、韩国辣椒酱，再加入泡菜及水，盖上盖子、再次按下开关。

❷ 待煮沸冒热气时，开盖放入综合火锅料，并加调料煮熟，可边煮边涮薄肉片食用（可适时调成保温状态）。

鸡肉亲子井

材料

鸡胸肉200克，洋葱1/2个，鸡蛋1个，热白饭1碗，海苔丝适量

调料

柴鱼素5克，水150毫升，酱油15毫升，酒20毫升，味啉25毫升

做法

❶ 洋葱切丝；鸡胸肉切薄片，备用。

❷ 内锅放入洋葱丝、鸡肉片及所有调味料，外锅倒1杯水（分量外），盖上盖子、按下开关。

❸ 待开关跳起后，将鸡蛋打散平均倒入内，盖上锅盖，焖1分钟至蛋液略凝固。

❹ 淋入白饭碗中，食用前撒上海苔丝即可。

三色蛋

材料

皮蛋2个，咸蛋2个，鸡蛋4个，保鲜膜1张，长形模型1个，蛋黄酱1根

做法

❶ 皮蛋、咸蛋去壳切小丁；鸡蛋打散成蛋液，备用。

❷ 准备一个长形模型，铺上保鲜膜，将皮蛋丁、咸蛋丁均匀放入模型，再将蛋液倒入模型。

❸ 电饭锅外锅倒入1杯水，将模型放入电饭锅中蒸至开关跳起。

❹ 取出模型待冷却后切片，挤上蛋黄酱即可。

27

鱼粒蒸蛋

材料
旗鱼肉50克，鸡蛋2个，胡萝卜20克，青豆仁10克，西蓝花适量

调料
盐1/4小匙，细砂糖1/4小匙，料酒1/2小匙，水2大匙

做法
❶ 旗鱼肉、胡萝卜切丁备用。

❷ 鸡蛋打散后，加入旗鱼肉丁、胡萝卜丁、青豆仁及所有调料。

❸ 将蛋液倒入深盘中，并放上保鲜膜。

❹ 电饭锅外锅加入1杯水（分量外），放入蒸架，再将盘子放于蒸架上，盖上锅盖，锅盖边插一根牙签或厚纸片，留一条缝，使蒸汽略散出，防止鸡蛋蒸过熟，最后按下开关，蒸至开关跳起，以焯熟的西蓝花装饰即可。

薰衣草蒸蛋

材料
薰衣草1大匙，虾子1个，鸡蛋2个，高汤1杯，约90℃的开水2杯

做法
❶ 薰衣草以1杯开水冲泡后，静置放凉至40℃以下备用。

❷ 虾子去壳但保留尾部，挑去肠泥并洗净备用。

❸ 蛋打散成蛋液，加入薰衣草茶、高汤后，用滤网过滤，倒入杯中备用。

❹ 电饭锅外锅加1杯开水后，按下开关，放入装有蛋液的杯子，在电饭锅边缘放一根筷子，盖上锅盖，蒸6分钟后，放入虾子并将开关调起，续焖3分钟即可。

虾仁茶碗蒸

材料
虾仁	3个
鲜香菇	1个
鸡蛋	2个
葱花	适量

调料
盐	1/4小匙
细砂糖	1/4小匙
料酒	1/2小匙
水	3大匙

做法
1. 鸡蛋打散后，加入所有调料打匀，用筛网过滤。
2. 将蛋液倒入容器中，并盖上保鲜膜。
3. 电饭锅外锅加入1杯水（分量外），放入蒸架，将盘子放置在蒸架上，盖上锅盖，锅盖边插一根牙签或厚纸片，留一条缝使蒸汽略散出，防止鸡蛋蒸过熟。
4. 按下开关蒸约8分钟至表面凝固，将虾仁、葱花及鲜香菇放入，盖上锅盖再蒸约10分钟后，开盖轻敲锅子，看蛋液是否已完全凝固不会晃动，如会晃动则盖上盖子再蒸，蒸至蛋液完全凝固、不会晃动即可。

五香茶叶蛋

🥘 材料

鸡蛋	15个
可乐	150毫升
卤包	1包
茶包	2包

📋 做法

1. 外锅洗净，加水至六分满，放入洗净的鸡蛋，再加卤包、茶包、可乐，盖上盖子、按下开关，煮10分钟。

2. 将半熟鸡蛋略敲、使壳有小裂缝，再放回锅内续煮10分钟，调至保温状态泡至入味即可。

美味小知识

电饭锅卤茶叶蛋步骤

1. 挑选：要挑选大小适中的鸡蛋，太小的话容易卤得过咸，太大的话要卤比较久才会入味。

2. 水煮：先用清水小心地将蛋壳刷洗干净，再放入锅中用水煮熟。煮鸡蛋时，锅中一定要加入淹过鸡蛋的水量，并加入1小匙盐，煮的时候要将鸡蛋翻动数次，这样可以让蛋黄比较集中在鸡蛋中间。

3. 敲蛋：煮熟的蛋先泡入冷水中，并用汤匙将蛋壳敲出裂痕。这是为了在卤的时候让蛋容易入味，但是不宜敲出太多裂痕，否则蛋壳容易脱落。

4. 卤煮：茶叶蛋最好的煮法就是利用电饭锅，让蛋在电饭锅里以稳定的热度卤煮，不用担心会烧焦，而且时间越久就会越入味。

红薯土豆沙拉

材料

土豆	2个
红薯	1个
鸡蛋	1个
蛋黄酱	适量
水	适量

做法

1. 土豆去皮、切片；红薯去皮、切丁；鸡蛋洗净，备用。

2. 取容器装土豆片、红薯丁，另外用小碗装少许水，放入鸡蛋一起煮，外锅倒1杯水，盖上盖子、按下开关，待开关跳起，将土豆取出压成泥，鸡蛋剥壳切碎。

3. 取一容器，加入土豆泥、鸡蛋碎及蛋黄酱均匀搅拌，最后拌入红薯丁，表面再挤上适量蛋黄酱即可（可另加入小黄瓜片装饰）。

美味小知识　红薯与土豆除了可以用烤箱烤之外，也可以用电饭锅蒸熟。将红薯与土豆洗净，放在层架中移入电饭锅，再在外锅加1杯水，待开关跳起、内部熟透即可食用。

酸奶

📋 材料

鲜奶	2000毫升
乳酸菌粉	2克
（所需分量依品牌不同而有差异）	
厚布	1块

📖 做法

❶ 将全部器具用开水消毒，再将鲜奶倒入不锈钢内锅，然后将内锅中的鲜奶加热至45℃即可熄火。

❷ 将乳酸菌粉加入加热后的鲜奶中，搅拌后盖上锅盖。

❸ 把厚布置于电饭锅内垫底，再将不锈钢内锅放在布上。

❹ 为防止温度过高，电饭锅锅盖要打开一半，然后插电保温，待5~6小时后鲜奶成布丁状即可食用或放入冰箱冷藏。

美味小知识

1. 电饭锅内不需要放水。

2. 插电保温即可，不需要按下炊煮的开关。

3. 内锅请勿选用铝锅、铁锅，因为这两种锅子的材质遇酸会氧化，其他耐温锅具则无此顾虑。

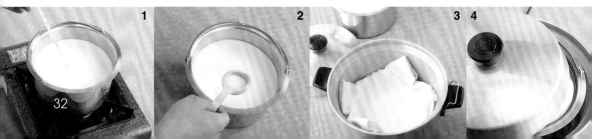

LESSON 3

快速上菜

一锅搞定三道菜

煎炸炒炖确实好，可惜一只电饭锅忙不过来？这好像是个问题。不过没关系，大厨一样有妙招。有了电饭锅，一锅搞定三道菜，主食汤菜全都有。

色拉冷笋+卤豆干+卤排骨

🍳 材料
排骨300克，豆干8片，姜15克，水30毫升，青葱2根，绿竹笋2根，蛋黄酱适量

🥘 调料
酱油100毫升，糖20克

🍳 做法
① 排骨用开水冲净；豆干洗净；绿竹笋洗净不剥皮，备用。

② 姜切片；葱1根切段，另1根切葱花，备用。

③ 取电饭锅内锅，放入姜片、葱段、水、酱油、糖、排骨、豆干后放入外锅中，架上蒸盘，在蒸盘上放上绿竹笋，外锅加2杯水（分量外），盖上盖子、按下开关。

④ 开关跳起后，取出绿竹笋泡冰水冷却，去皮、切块装盘，淋上适量蛋黄酱，为第一道菜。

⑤ 将卤好的豆干取出、切片装盘，淋上酱油后撒上葱花，为第二道菜。

⑥ 将卤排骨取出装盘，为第三道菜。

［上层］色拉冷笋

［中层］卤豆干

［下层］卤排骨

花瓜蒸鲜鱼+德国香肠佐洋葱+鱼板蒸水蛋

🍲 材料
鲜鱼300克，花瓜罐头1/2罐，青葱1根，姜15克，酒1大匙，鸡蛋2个，水250毫升，鱼板5片，德国香肠3根，洋葱1/4个

🍶 调料
盐1小匙，酱油1/2小匙

🍳 做法
❶ 姜切片；青葱切段；洋葱切丝，备用。

❷ 鲜鱼去鳞、洗净切段；德国香肠切段、切花，备用。

❸ 取一张锡箔纸，放入姜片、葱段、酒、鱼段、花瓜及酱汁后包起，备用。

❹ 鸡蛋加水加盐打散成蛋液，倒入有深度的盘子后，铺上鱼板盖上保鲜膜，放入电饭锅内。

❺ 在盘子上架2根筷子，放上一个平盘，将锡箔包放置于盘中间，再将德国香肠放在盘四周，外锅放1杯水（分量外），盖上锅盖、按下开关。

❻ 开关跳起后，将锡箔纸打开，取出蒸好的鲜鱼装盘，为第一道菜。

❼ 将德国香肠取出装盘，佐以洋葱丝为第二道菜。

❽ 将鱼板蒸水蛋取出，为第三道菜。

［锡箔］花瓜蒸鲜鱼

［中层］德国香肠佐洋葱

［下层］鱼板蒸水蛋

蒜蒸花椰菜+卤豆腐+香菇肉燥

材料
干香菇4个，猪肉馅300克，红葱酥30克，水360毫升，豆腐2块，香菜少许，蒜头2瓣，胡萝卜50克，白花椰菜1朵

调料
酱油100毫升，香油适量，盐适量，素蚝油60克

做法
1. 干香菇用水泡软、切丁；蒜头去皮、切末；胡萝卜去皮切段；白花椰菜洗净切小段；香菜洗净、切末，备用。

2. 取电饭锅内锅，放入香菇丁、猪肉馅、红葱酥、水、酱油、素蚝油搅拌均匀，放入豆腐后，放进电饭锅，在内锅上架2根筷子，放上一个平盘。

3. 将蒜末、胡萝卜、白花椰菜放置于盘中并加少许盐，外锅加1.5杯水（分量外），盖上锅盖，按下开关。

4. 待开关跳起后，将蒸好的花椰菜取出装盘，为第一道菜。

5. 待豆腐取出装盘，淋上酱油、撒上香菜，为第二道菜。

6. 待香菇肉燥取出装碗，为第三道菜。

[上层] 蒜蒸花椰菜

[中层] 卤豆腐

[下层] 香菇肉燥

皮蛋瘦肉粥+青葱拌鸡丝+鱼板蒸丝瓜

材料

白饭1碗，水3杯，皮蛋1个，肉馅100克，鱼板6片，丝瓜1/2根，鸡腿1只，青葱2根，姜50克，红辣椒1个

调料

香油少许，盐适量

做法

1. 青葱1根切丝、1根切葱花；姜切丝；红辣椒切丝，备用。

2. 鱼板切丝；丝瓜去皮切条；鸡腿洗净；皮蛋剥壳切丁，备用。

3. 取电饭锅内锅，放入白饭、3杯水及肉馅搅拌均匀，再放入鸡腿，在内锅上架2根筷子，放上一个平盘，将姜丝20克、丝瓜条、鱼板放进盘中并加少许盐，外锅放1.5杯水（分量外），盖上盖子、按下开关。

4. 待开关跳起后，将蒸好的丝瓜取出装盘，为第一道菜。

5. 待鸡腿取出去骨切长条，拌入剩余30克姜丝、青葱丝、红辣椒丝装盘，加少许盐、香油为第二道菜。

6. 待瘦肉粥取出，加入皮蛋，加盐调味，撒上葱花、淋上香油，为第三道菜。

［上层］鱼板蒸丝瓜

［中层］青葱拌鸡丝

［下层］皮蛋瘦肉粥

姜泥南瓜+蒜泥肉片+萝卜汤

材料
白萝卜1/2根，猪头肉1副，青葱1根，酒1大匙，南瓜200克，姜30克，蒜头3瓣，水适量

调料
酱油100毫升，盐少许

做法

1. 姜15克切片、15克切末；南瓜洗净、去皮切片；白萝卜去皮切块；青葱洗净切段，备用。

2. 蒜头去皮切末，加酱油、开水调匀，成蒜泥酱油备用。

3. 取电饭锅内锅，放入5杯水（分量外）、白萝卜、猪头肉、姜片、葱段、酒，再放入电饭锅中，在内锅上架2根筷子，放上一个平盘，放上姜末及南瓜片，再在外锅放2杯水（分量外），盖上盖子、按下开关。

4. 待开关跳起后，将蒸好的南瓜加少许盐、姜末、葱末调味，取出装盘为第一道菜。

5. 将取出猪头肉切片装盘，淋上做法2的蒜泥酱油，为第二道菜。

6. 将萝卜汤中的姜片及葱段取出、加盐调味，为第三道菜。

[上层] 姜泥南瓜

[中层] 蒜泥肉片

[下层] 萝卜汤

蒜苗香肠+清蒸瓠瓜+瓜仔肉

🍲 材料
酱瓜1/2罐，肉馅300克，蒜3瓣，水100毫升，
香肠3根，蒜苗1根，瓠瓜1条

🍶 调料
鸡精少许

📋 做法
1. 酱瓜切碎；蒜苗洗净去头切蒜丝；瓠瓜去皮切条，备用。

2. 取一大碗，放入肉馅、酱瓜碎、酱瓜汁、水、蒜1瓣（切末）搅拌均匀，在大碗上架2根筷子，放上一个平盘，将蒜2瓣（切末）、瓠瓜片及少许鸡精拌匀后倒入盘中，并将香肠放置于盘旁，外锅放1.5杯水（分量外），盖上盖锅、按下开关。

3. 开关跳起后，将蒸好的香肠取出切片、佐以蒜丝装盘，为第一道菜。

4. 取出蒸好的瓠瓜装盘，淋上少许香油，为第二道菜。

5. 将蒸好的瓜仔肉取出，为第三道菜。

［上层］蒜苗香肠

［中层］清蒸瓠瓜

［下层］瓜仔肉

树子蒸圆白菜+鸡丝拌黄瓜+鲜笋汤

材料
鸡腿1只，竹笋2根，水3杯，小黄瓜1根，圆白菜200克，树子1大匙，蒜头3瓣，姜20克

调料
香油少许，盐、鸡精各适量

做法

1. 竹笋剥皮切块；小黄瓜洗净切条；蒜头去皮切碎；圆白菜洗净切片；姜切片，备用。

2. 取电饭锅内锅，放入竹笋块、水、鸡腿、姜片，在内锅上架2根筷子，放上一个蒸架；将蒜碎、树子、圆白菜及少许鸡精拌匀后包入锡箔纸放在架上，外锅放2杯水（分量外），盖上锅盖、按下开关。

3. 待开关跳起后，将蒸好的树子圆白菜装盘，为第一道菜。

4. 取出鸡腿，去骨切长条，拌入小黄瓜条、盐、香油装盘，为第二道菜。

5. 竹笋汤加盐调味，为第三道菜。

［上层］树子蒸圆白菜

［中层］鸡丝拌黄瓜

［下层］鲜笋汤

豆酱肉馅蒸豆腐+洋葱蛋+腊味蒸饭

🥘 材料

腊肠2根，大米1杯，水230毫升，肉馅100克，豆酱1大匙，辣椒酱1小匙，蒜2瓣，豆腐2块，洋葱1/2个，鸡蛋1个，鱼板3片，青蒜丝适量

🍳 做法

❶ 腊肠洗净；大米洗净；蒜头去皮切末，备用。

❷ 肉馅加入豆酱、辣椒酱、蒜头末及水30毫升搅拌均匀，备用。

❸ 洋葱切丝、鱼板切丝、蛋打成蛋液，再一起包入锡箔纸内，备用。

❹ 取电饭锅内锅，放入大米及200毫升水，放入腊肠，再放入锡箔包，在内锅上架2根筷子，放一深盘，在盘内放入豆腐，将肉馅铺在豆腐上，外锅放2杯水（分量外），盖上盖子、按下开关。

❺ 待开关跳起后，将蒸好的豆腐装盘，撒上青蒜丝，为第一道菜。

❻ 取出锡箔包，打开洋葱蛋盛盘，为第二道菜。

❼ 腊肠切片，放在白饭上盛碗，为第三道菜。

［上层］豆酱肉馅蒸豆腐

［中层］洋葱蛋

［下层］腊味蒸饭

49

蒸小卷+蒜蒸四季豆+竹笋蒸饭

材料
竹笋1/2根，大米2杯，水2杯，虾米20克，油葱酥20克，蒜头2瓣，四季豆200克，小卷3个，姜20克，葱1根

调料
盐少许，香油少许，蒸鱼酱油1大匙

做法
1. 竹笋洗净切丁；虾米用水泡软并沥干；大米洗净；蒜头去皮切末；姜切丝；葱切丝，备用。
2. 四季豆洗净去头尾、切段，加蒜末及少许盐，包入锡箔纸内，备用。
3. 取电饭锅内锅，放入大米及2杯水，放入虾米、竹笋丁，再放入锡箔包，在内锅上架2根筷子，放一深盘摆入小卷、姜丝、葱丝、蒸鱼酱油，外锅放2杯水（分量外），盖上盖子、按下开关。
4. 待开关跳起后，将蒸好的小卷装盘，为第一道菜。
5. 取出锡箔包，打开四季豆盛盘，为第二道菜。
6. 在蒸好的竹笋饭中拌入红葱酥、香油，盛碗为第三道菜。

［上层］蒸小卷

［中层］蒜蒸四季豆

［下层］竹笋蒸饭

LESSON 4

轻松省事
好吃饭菜一锅端

先做菜还是先做饭，一个人的分量太少怎么做？这些都不是问题！好吃饭菜完全可以一次就搞定，洗好米、理好菜，香气扑鼻真诱人！

电饭锅煮大米饭

1.舀1杯米放入电饭锅内锅，淘洗干净后倒掉多余的水。

2.在内锅加入1杯水将米浸泡1~2小时。

3.电饭锅外锅加入1格水，再放入内锅，盖上锅盖，按下开关，待开关跳起后不要急着掀锅盖，再焖20分钟。

4.打开锅盖时，将整锅饭以饭匙将米粒翻松，这样美味又可口的大米饭就出炉了！

备注：
　　做法3中的"1格水"即是一般量米杯刻度的1格，不用怀疑，外锅只用放少许的水可以煮熟米饭。开关跳起时，倒入外锅的水正好完全煮干，此时再利用电锅独有的"焖"的功能将米饭焖熟，掀起锅盖时，当然就不会看到外锅有烫手的水分残留了。

煮米饭好吃的六大秘诀

一、淘洗

轻淘2次，快速冲水，靠米粒之间的摩擦，将石灰粉、碳酸钙及少数米糠杂物等去掉，但不必太用力搓洗，否则会连有用的矿物质都洗掉！

二、加水量

一般情况下是1杯米（190克）加1杯水（240毫升），加水量可依米的新旧及个人喜好予以增减。

三、浸泡

米洗过后必须用水浸泡，米随着泡水的时间增加而增加，5分钟吸水10%，1小时即达80%。因此最好浸泡1~2小时，让米充分吸水，这样煮时才能完全糊化，口感更佳。

四、焖饭

用电饭锅煮饭，当开关跳起后，即是水分已经被米粒完全吸收了，此时不要打开锅盖，继续焖20分钟后再打开，让米完全吸入所有的游离水，煮好的饭便能呈现松软的状态。

五、翻松

饭一煮好，打开锅盖，就先将整锅饭用饭匙翻松，这样能使所有的饭含水量均匀，不至于饭越盛到后面越干，影响口感。

六、色拉油

煮饭前可拌入1小匙色拉油，使煮好的饭看起来油亮油亮的，不仅好看也好吃。

五谷杂粮饭

🌾 材料

红米	30克
荞麦	30克
高粱	30克
糙米	60克
黑米	30克
水	240毫升

📋 做法

将所有材料一起洗净、沥干水分, 放入内锅中, 再加入水浸泡约1小时后, 放入外锅中, 并在外锅加1/2杯(分量外)水按下开关煮至跳起, 焖15~20分钟即可。

美味小知识

五谷杂粮没有固定的种类, 只要谷类或是杂粮皆可入锅炊煮。这些谷类对肠胃有很好的调养效果, 比起精致的大米更能帮助肠胃蠕动且易让人产生饱足感。

用电饭锅煮五谷饭

1. 舀1杯五谷米放入电饭锅内锅, 淘洗干净后倒掉多余的水。
2. 加入1.5杯水于内锅里, 浸泡1~2小时。
3. 在电饭锅外锅加2格水, 将内锅放入电饭锅中, 盖上锅盖, 按下开关, 煮至开关跳起后再焖20分钟。
4. 打开锅盖时, 先用饭匙将米粒翻松, 这样美味又可口的五谷饭就出炉啦!

五色养生饭

材料

荞麦	30克
黑豆	30克
野米	30克
小米	30克
发芽米	60克
水	110毫升

做法

❶ 荞麦、黑豆、野米一起用冷水浸泡约4小时，至涨发后沥干水备用。

❷ 将发芽米、小米、荞麦、黑豆、野米一起洗净，沥干水分放入内锅中，再加入水浸泡约30分钟后，将内锅放入外锅中，并在外锅加1/2杯水（分量外），按下开关，煮至开关跳起，再焖15~20分钟即可。

美味小知识

发芽米比起大米有更多的膳食纤维，可以让肠胃蠕动得更顺畅，从而有效防止便秘。

珍菇饭

材料
大米	2杯
珍菇罐头	300克
猪肉馅	200克
芹菜末	30克
水	适量

调料
红葱油	1大匙
盐	1/6小匙
白胡椒粉	1/2小匙

做法
1. 猪肉馅放入滚沸的水中焯烫，捞出沥干水分备用。
2. 大米洗净，沥干水分，放入电饭锅中，再加入水、盐以及红葱油，铺上猪肉馅和珍菇，按下煮饭键煮熟。
3. 打开电饭锅，撒上白胡椒粉和芹菜末拌匀即可。

菠菜发芽米饭

材料

菠菜	100克
发芽米	100克
胡萝卜	15克
水	110毫升

做法

❶ 菠菜洗净切小段，用沸水焯烫去涩后捞起沥干；胡萝卜洗净去皮切丝，备用。

❷ 发芽米洗净后沥干水分，与菠菜段、胡萝卜丝及水拌匀，放入内锅中浸泡30分钟，再放入外锅，并在外锅加1/2杯水（分量外），按下开关蒸至开关跳起，再焖10分钟即可。

美味小知识

菠菜拥有丰富的营养素，可以补血、帮助消化，但因为含有草酸，会与钙结合成草酸钙累积在体内造成结石，不过草酸在高温下会被破坏，因此只要提前焯再食用就没问题。

椰香饭

材料
黑糯米50克，新鲜椰子肉30克

调料
熟白芝麻5克，熟黑芝麻5克，盐少许

做法
① 黑糯米泡水约20分钟后煮熟备用。

② 新鲜椰子肉刨成丝备用。

③ 将煮熟的黑糯米饭拌入混匀的调料，盛盘后撒上新鲜椰子丝即可。

山药马蹄饭

材料
五谷米240克，蓬莱米240克，山药60克，马蹄60克，温水600毫升

调料
盐3克

做法
① 蓬莱米洗净，放置于筛网中沥干，静置30~60分钟备用。

② 五谷米稍微冲洗后充分沥干备用。

③ 山药去皮切丁，放入水中；马蹄切丁备用。

④ 将五谷米与温水放入电饭锅中浸泡1小时后，加入蓬莱米及盐略拌，按下电饭锅煮饭键，煮至开关跳起后，加入山药丁和马蹄丁略拌，使米饭吸水均匀，最后焖10~20分钟即可。

黄豆排骨饭

材料

大米2杯，黄豆80克，排骨300克，水2杯

调料

红葱油3大匙，盐1小匙

做法

1. 黄豆洗净，泡水约4小时至膨胀，捞出沥干水分备用。

2. 排骨洗净剁小块，放入滚沸的水中焯烫后捞出沥干水分备用。

3. 大米洗净沥干水分，放入电饭锅中，加入水和所有调料，铺上黄豆和排骨块，按下煮饭键煮熟。

4. 打开电饭锅拌匀即可。

南瓜火腿饭

材料

大米2杯，南瓜240克，火腿100克，蒜蓉20克，水2杯，葱花适量

调料

盐1/2小匙，色拉油1大匙

做法

1. 南瓜洗净，去皮去籽切小丁；火腿切小片，备用。

2. 大米洗净，沥干水分，放入电饭锅中，加入水和所有调料，铺上南瓜丁、火腿片以及蒜蓉，按下煮饭键煮熟。

3. 打开电饭锅，撒上葱花拌匀即可。

红豆薏仁饭

材料
红豆40克，薏仁40克，大米100克，水180毫升

做法
1. 红豆用冷水浸泡约4小时，至涨发后捞起沥干水备用。
2. 将大米、薏仁洗净，沥干水分，放入内锅中，再加入水与红豆一起拌匀后，放入外锅中，并在外锅加1/2杯水（分量外），按下开关煮至开关跳起，再焖15~20分钟即可。

美味小知识　　红豆和薏仁都有利水消肿的作用，红豆更具有补血的功效，以红豆薏仁饭代替大米饭，不但可以消除水肿，还能让人气色红润。

芋头红薯饭

材料
芋头40克，红薯40克，大米140克，水180毫升

做法
1. 芋头、红薯去皮切小丁备用。
2. 大米洗净，沥干水分，与芋头丁、红薯丁一起放入内锅中，拌匀后加入水，将内锅放入外锅中，并在外锅加1/2杯水（分量外），按下开关，煮至开关跳起，再焖15~20分钟即可。

美味小知识　　拥有大量膳食纤维的红薯多吃可以改善排便不顺的困扰，更可借此排除体内累积的毒素。近年来流行的排毒餐，红薯可是重要的角色，是简单却有高营养价值的食材，不过胃肠胀气的人不宜多吃。

桂圆红枣饭

材料

桂圆肉40克，去核红枣20克，大米160克，水200毫升

做法

❶ 红枣切小片备用。

❷ 将大米洗净，沥干水分，放入内锅中，再加入水、桂圆肉与红枣片一起拌匀，将内锅放入外锅中，并在外锅加1/2杯水（分量外），按下开关，煮至开关跳起，再焖15~20分钟即可。

美味小知识　桂圆有滋补、安神的功效，红枣含丰富的蛋白质及维生素C，故而桂圆和红枣都是传统的养生食物，是健康温和的食补佳品，很适合女性在生理期时食用。

黄豆糙米饭

材料

黄豆60克，糙米120克，水200毫升

做法

❶ 黄豆用冷水浸泡约4小时，至涨发后捞起，沥干水备用。

❷ 将糙米洗净，沥干水分，放入内锅中，再加入水与黄豆一起拌匀，浸泡约30分钟后，放入电饭锅中，按下煮饭键煮熟即可。

美味小知识　一般植物蛋白质的营养价值要略逊于动物蛋白质，但黄豆却例外，其含有的蛋白质是牛肉的2倍，营养价值可以媲美肉、鱼、奶、蛋类。

燕麦小米饭

材料

燕麦	40克
小米	40克
发芽米	80克
水	210毫升

做法

❶ 将燕麦、小米、发芽米一起洗净，放入内锅中。

❷ 锅中加入水浸泡约30分钟后，将内锅放入外锅中，并在外锅加1/2杯水（分量外），按下开关，煮至开关跳起，再焖15～20分钟即可。

美味小知识　燕麦含丰富的膳食纤维，可以改善消化功能、促进肠胃蠕动，并可有效改善便秘。但添加在饭中，应该由少至多慢慢添加，如果一次食用太多，可能会造成胀气等。

杂菇养生饭

材料
松茸菇60克，草菇60克，蟹味菇60克，发芽米200克，水260毫升

做法
❶ 松茸菇、草菇、蟹味菇，一起洗净去蒂备用。

❷ 发芽米洗净沥干，放入内锅中，铺上菇类，再加水浸泡约20分钟后，将内锅放入外锅中，外锅加1/2杯水（分量外），按下开关煮至开关跳起，再焖15~20分钟即可。

美味小知识 菇类是低热量的健康食物，故痛风患者因菇类嘌呤含量偏高，适量摄取即可，不要过量。

海苔芝麻饭

材料
红米50克，大米100克，海苔粉3克，白芝麻8克，水120毫升

做法
❶ 红米泡水约1小时后沥干；白芝麻炒香，备用。

❷ 大米洗净后沥干水分，与红米一起拌匀放入内锅中，外锅加1/2杯水（分量外），浸泡约30分钟后按下开关蒸至开关跳起，再焖10分钟。

❸ 趁热撒上白芝麻及海苔粉拌匀即可。

美味小知识 芝麻除了可以帮助肠胃消化，更有丰富的维生素B₁与烟碱酸，是能让皮肤水嫩的重要营养素。此外，多吃芝麻还可以让你拥有一头乌黑亮丽的秀发，并且不容易掉发。

麻油鸡饭

材料
大米2杯，去骨鸡腿1只，姜末1大匙，水适量

调料
料酒2大匙，胡麻油3大匙

做法
❶ 去骨鸡腿洗净切块，以料酒腌渍备用。

❷ 大米洗净，放入电饭锅的内锅中，加水至大米饭2的刻度线。

❸ 将鸡腿块放入电饭锅内锅，按下煮饭键煮熟。

❹ 起锅前拌入胡麻油及姜末即可。

芋头油葱饭

材料
长糯米2杯，猪肉馅150克，白胡椒粉1/2小匙，葱花40克，芋头200克

调料
红葱油3大匙，盐1小匙

做法
❶ 芋头去皮洗净，切丁备用；猪肉馅放入滚沸的水中焯烫一下，捞出沥干水分备用。

❷ 大米洗净，沥干水分，放入电饭锅中，加入水、红葱油以及盐，铺上芋头丁和猪肉馅，按下煮饭键煮熟。

❸ 打开电饭锅，撒上白胡椒粉和葱花拌匀即可。

蒜味八宝饭

材料
蒜头瓣10瓣，猪肉丁1/2杯，八宝米2杯，水适量

调料
糖1/3大匙，胡椒粉1小匙，色拉油1大匙，盐2小匙，淀粉2小匙

做法
❶ 将八宝米洗净，沥干水分，加入水，浸泡4小时备用。

❷ 蒜头去膜切丁，猪肉丁加入调料腌约10分钟备用。

❸ 将蒜头、猪肉丁均匀铺在八宝米上，一起煮熟，煮好后再焖15～20分钟，最后用饭匙由下往上轻轻拌匀即可。

蘑菇卤肉饭

材料
大米2杯，蘑菇150克，洋葱100克，胡萝卜80克，卤肉酱罐头2罐（约220克），水、葱花各适量

做法
❶ 胡萝卜、洋葱洗净，去皮切丁；蘑菇洗净切片，备用。

❷ 大米洗净，沥干水分，放入电饭锅中加入水，铺上罐装卤肉酱、胡萝卜丁、洋葱丁以及蘑菇片，按下煮饭键煮熟。

❸ 打开电饭锅，撒上葱花拌匀即可。

咖喱三色饭

材料

大米	2杯
胡萝卜	80克
土豆	120克
洋葱	100克
玉米粒	50克
水	适量

调料

咖喱	2大匙
盐	1/2小匙
色拉油	1大匙

做法

❶ 胡萝卜、土豆、洋葱洗净去皮，切丁备用；大米洗净沥干水分，放入电饭锅中加入水和咖喱拌匀。

❷ 加入其余调料，铺上胡萝卜丁、土豆丁、洋葱丁，按下煮饭键煮熟。

❸ 打开电饭锅拌匀即可。

备注：咖喱也能以咖喱粉或咖喱块取代，但是一样要事先调匀。

火腿笋丝饭

🥘 材料
大米2杯，火腿80克，油笋罐头1瓶（280克），
水、葱花各适量

🍲 做法
❶ 火腿洗净切丝，备用。

❷ 大米洗净，沥干水分，放入电饭锅中，加入
　水、火腿丝以及油笋，按下煮饭键煮熟。

❸ 打开电饭锅，撒上葱花拌匀即可。

红薯鸡丁饭

🥘 材料
大米2杯，红薯240克，去骨鸡腿肉320克，水
适量，姜末10克，葱花适量

🧂 调料
盐1/2小匙，红葱油2大匙

🍲 做法
❶ 红薯洗净，去皮切小丁，备用。

❷ 去骨鸡腿肉切丁，放入滚沸的水中焯烫，
　捞出沥干水分备用。

❸ 大米洗净，沥干水分，放入电饭锅中，加
　入水和所有调料，铺上红薯丁和去骨鸡腿
　肉丁，按下煮饭键煮熟。

❹ 打开电饭锅，撒上葱花拌匀即可。

豆芽海带芽饭

材料

黄豆芽70克，海带芽10克，糙米140克，水180毫升

做法

❶ 黄豆芽、海带芽洗净备用。

❷ 糙米洗净，沥干水分，与黄豆芽、海带芽一起放入内锅中，拌匀后加入水，浸泡约20分钟后，将内锅放入外锅中，并在外锅加1/2杯水（分量外），按下开关煮至跳起，再焖15～20分钟即可。

美味小知识

海带芽热量非常低，爱美的女性多吃也不用担心发福，再加上海带芽含有大量的胶质，可以让你的皮肤宛如婴儿般充满弹性且光滑无比，是抵抗皮肤老化的优良食品。

鲔鱼鸡肉饭

材料

米2杯，去骨鸡腿2只，洋葱1/2个，水300毫升，橄榄油1大匙，鲔鱼罐2罐，黑橄榄适量

调料

迷迭香料少许

做法

❶ 米洗净沥干；鸡腿洗净，用纸巾吸干水分，切块；洋葱切末；鲔鱼罐沥油；黑橄榄切片备用。

❷ 锅中加入橄榄油烧热，爆香洋葱末，放入鸡腿肉块炒至微焦。

❸ 将米加入锅中一起炒香，再加入1杯半的水及迷迭香料搅拌均匀，盛起放入电饭锅内锅蒸。

❹ 待电饭锅开关跳起后再焖5分钟，起锅后拌入鲔鱼肉、黑橄榄片即可食用。

LESSON 5

营养美味

甜粥咸粥随意吃

看着粥品店里各种美味咸粥、甜粥、水果粥，是不是垂涎三尺？对于爱好养生的人来说，粥是夜晚最佳饮食，养脾胃且不长肉，只需一把米一把豆，按下按键就香气四溢。

洗米熬粥有讲究，美味粥品变化多

虽然粥的种类有上百种，但基本功还是必须从洗米做起，且粥底不外乎使用三种方式，分别是以生米、熟饭及冷饭慢慢熬成粥，不论是采用哪种方式都可以煮出美味的粥品，只是口感上略有不同。但可别小看这三种熬粥方式的差异，因为不论生米、熟饭或冷饭，熬成粥的过程中都会涨大，因此分量和水量的拿捏可要特别小心。所以在煮粥前，让我们先了解3种不同的煮粥方法和煮粥零失败的小秘诀。

洗米

❶ 将水和米粒放入容器内。

❷ 先以画圈的方式快速淘洗，再用手轻轻略微揉搓米粒。

❸ 洗米水会渐渐呈现出白色混浊状。

❹ 慢慢倒出白色混浊的洗米水，以上步骤重复3次。

❺ 将米粒和适量的水一同静置，浸泡约15分钟即可。

生米慢炖成粥

材料
生米1杯，水8杯

调料
冰糖130克，奶精适量

做法
把洗净的生米和水放入汤锅内，以中火煮沸后再转小火煮45分钟，再加入糖和奶精调味。

精准破解煮粥的三大关键任务

水量多寡要掌控

不论是利用生米、熟饭或冷饭来熬粥，最后当要放入水一同熬煮时，水的比例要正确，过少的水量可能会导致粘锅现象，因此在熬煮过程中要随时留意锅内的水量是否足够。另外，测量饭（米）和水的容器最好一致，如使用碗为测量单位，那么饭和水的测量容器就统一使用碗，不要利用不同容器来测量，以避免水量把握不准。

火候的掌控

营养美味的好粥，就是饭粒熟透且带有饭香味的粥，饭粒半生半熟的或者是焦味浓郁的粥都是不合格的。因此火候的掌控尤为重要，必须先用中火将水煮开后，再转小火慢慢熬煮，千万别心急一路全采用大火或中火来熬制，否则锅里的饭粒溢出来，或者是锅底烧糊，可就让人大伤脑筋了。

时间的掌控

熬煮的时间也会依照所用材料的情况而有所不同，如：利用生米来熬煮绝对会比利用熟饭或冷饭来熬煮的时间长，所以在煮粥的时候，必须考虑自己的时间状况来选用不同的材料熬煮。

利用电饭锅来煮粥

只要多加些水就可以了。一般而言，煮成大米饭，米和水的比例是1∶1，而若要利用电饭锅来熬煮成粥就要以1∶8的比例来制作，也就是说1杯生米要放入8杯水才够。

冷饭煮成粥

材料
冷饭1碗，水7杯

做法
将冷饭和水放入汤锅内一同搅拌至饭粒分开，再以中火煮开，最后转小火煮35分钟即可。

怎样用冷饭熬煮美味的白粥呢？

利用隔夜冷藏的饭来熬粥，最怕的就是在熬煮过程中饭粒不易散开，所以在将白饭放入冰箱冷藏之前，一定要先做好功课。首先，将冷却的米饭密封包装，并挤去多余的空气，然后将米饭整平，整平是为了方便下次取用米饭时，容易将米饭抓松，让它们不至于结块；最后将整平的米饭放入冰箱中冷藏即可。当然，从冰箱取出冷藏的米饭时，也要先洒上少许水并将它们抓松后再来熬煮，有了以上的事前准备，用冷饭煮粥时就不会有饭粒不易散开或者结块的状况。

熟饭熬成粥

材料
熟饭1碗，水7杯

做法
先将水放入汤锅内，以中火煮开，再放入熟饭熬煮，最后转小火煮30分钟即可。

怎样煮粥才不会粘锅呢？

利用熟饭来熬煮白粥时，一定要使用中火先将水煮开后，再放入熟饭继续熬煮，这时候就一定要记得转小火让米饭慢慢地熬到变白粥。火候的掌控是一大关键，另外，水量不足也会造成熬煮白粥时粘锅的状况发生。

粘锅时要怎么处理呢？

万一不小心粘锅了该怎么办呢？此时千万不要心急地用汤勺去翻动已经粘锅的白粥，否则烧焦的气味会影响到整个锅中的白粥。这个时候最好的办法是轻轻地将上面未烧焦的白粥舀出来放在另外一个锅中继续熬煮。

咸稀饭

材料
米1杯，排骨300克，香菇3个，芋头1/3个，胡萝卜少许，芹菜末或葱花少许，水8杯

调料
盐1大匙，胡椒粉适量

做法
1. 将米与排骨洗净，胡萝卜、香菇、芋头切大丁。
2. 所有材料放入电饭锅内锅，外锅放1杯水（分量外），煮至开关跳起后再焖5分钟，加入调料即可。

白粥

材料
大米1/2杯，水3.5杯

做法
1. 大米洗净、沥干，放入电饭锅内锅中，再加入3.5杯水，移入电饭锅里。
2. 外锅加入2杯水（分量外），盖上锅盖、按下开关，煮至开关跳起即可。

排骨燕麦粥

材料
综合燕麦150克，猪排骨500克，上海青50克，姜片2片，高汤2300毫升

调料
盐1小匙，鸡精1/2小匙，料酒1大匙

做法
1. 将猪排骨洗净，放入沸水中焯烫至汤汁出现大量灰褐色浮沫，倒除汤汁再次洗净备用。
2. 上海青洗净，切小段备用。
3. 将排骨放入电饭锅中，加入高汤、姜片和综合燕麦，拌匀后煮至开关跳起，继续焖约5分钟，开盖加入上海青拌匀，再以调料调味即可。

银耳莲子粥

材料
大米100克，莲子40克，银耳10克，枸杞子5克，水1200毫升

调料
黄冰糖70克

做法
1. 银耳洗净，泡水约30分钟后沥干水分，撕成小朵备用。
2. 莲子和大米一起洗净，沥干水分；枸杞子另外洗净沥干，备用。
3. 将莲子、银耳放入电饭锅内锅中，加水拌匀，外锅加入1杯水（分量外），煮至开关跳起，继续焖约5分钟，再加入大米拌匀，外锅再次加入1杯水（分量外）煮至开关跳起，再焖约5分钟，加入枸杞子和黄冰糖拌匀即可。

绿豆小薏仁粥

材料
大米50克，绿豆100克，小薏仁80克，水1500毫升

调料
细砂糖120克

做法
1. 绿豆和小薏仁一起洗净，泡水约2小时后沥干水分备用。
2. 大米洗净，沥干水分备用。
3. 将绿豆、小薏仁和大米放入电饭锅内锅中，加水拌匀，外锅加入1杯水（分量外），煮至开关跳起，继续焖约10分钟，再加入细砂糖调味即可。

小米粥

材料
小米100克，麦片50克，水1200毫升

调料
冰糖80克

做法
1. 小米洗净，泡水约1小时后沥干水分备用。
2. 麦片洗净，沥干水分备用。
3. 将小米和麦片放入电饭锅内锅中，加水拌匀，外锅加入1杯水（分量外）煮至开关跳起，继续焖约5分钟，再加入冰糖调味即可。

> **美味小知识**
> 如果是即食麦片，最好在小米煮好后再加入，外锅重新加少许水继续焖煮一下就好。如果一开始就加入也可以，但是口感会更软、更糊一点。

八宝粥

材料

糙米	50克
大米	50克
圆糯米	20克
红豆	50克
薏仁	50克
花生仁	50克
桂圆肉	50克
花豆	40克
雪莲子	40克
莲子	40克
绿豆	40克
水	1600毫升

调料

冰糖	50克
砂糖	80克
绍兴酒	20毫升

做法

1. 将糙米、花豆、薏仁、花生仁、雪莲子一起洗净，泡水至少5小时后沥干；红豆另外洗净，以淹过红豆的水量浸泡至少5小时后沥干，浸泡水留下，备用。

2. 将大米、圆糯米、绿豆、莲子一起洗净，沥干备用。

3. 将所有材料（桂圆肉除外）一起放入电饭锅内锅中，加入水和绍兴酒拌匀，外锅加入2杯水（分量外），煮至开关跳起，续焖约10分钟。

4. 桂圆肉洗净，沥干水分，放入粥中拌匀，外锅再加入1/2杯水（分量外），煮至开关跳起，续焖约5分钟，最后加入冰糖和砂糖拌匀即可。

美味小知识　　只要加热的方法正确，还是可以保证隔夜粥的美味。大部分的人都是把粥倒入锅中直接开火加热，然后在中途添加冷水，这样的粥会变得烂烂的，不好吃。其实隔餐的粥应该采用隔水加热蒸熟的方式，如果家中不方便蒸，则可以先将少许水煮沸后，将粥加入锅中，以小火边搅拌边加热，这样就可以吃到像当餐一样美味的隔夜粥了。

红豆荞麦粥

材料
荞麦80克，大米50克，红豆100克，水2500毫升

调料
砂糖120克

做法
1. 荞麦洗净，泡水约3小时后沥干水分备用。
2. 红豆洗净，泡水约6小时后沥干水分备用。
3. 大米洗净并沥干水分备用。
4. 将荞麦、红豆放入电饭锅内锅中，加水拌匀，外锅加入1杯水（分量外），煮至开关跳起，继续焖约5分钟，再加入大米拌匀，外锅再次加入1杯水（分量外），煮至开关跳起，再焖约5分钟，加入砂糖拌匀即可。

麦片甜粥

材料
综合燕麦片150克，葡萄干30克，蔓越莓干丁30克，水1500毫升

调料
冰糖80克

做法
1. 葡萄干、蔓越莓干丁一起洗净，沥干水分备用。
2. 综合燕麦片洗净，沥干水分备用。
3. 将综合燕麦片放入电饭锅内锅中，加水拌匀，外锅加入1杯水（分量外），煮至开关跳起，继续焖约5分钟，最后加入葡萄干、蔓越莓、冰糖拌匀即可。

提子红薯粥

材料
大米40克，圆糯米40克，红心红薯150克，葡萄干50克，水800毫升

调料
细砂糖150克

做法
1. 红心红薯去皮，切丁备用。
2. 大米及圆糯米洗净，与水、红薯丁、葡萄干一起放入电饭锅内锅，盖上锅盖，按下开关。
3. 煮至开关跳起后，打开锅盖，加入细砂糖拌匀即可。

杏仁豆浆粥

材料
大米40克，圆糯米40克，水500毫升，豆浆300毫升，南杏50克，杏仁粉2大匙

调料
细砂糖150克

做法
1. 大米及圆糯米洗净，与水、南杏一起放入电饭锅内锅中，盖上锅盖，按下开关。
2. 煮约10分钟后打开锅盖，加入豆浆和杏仁粉拌匀，再盖上锅盖续煮。
3. 煮至开关跳起后，打开锅盖，加入细砂糖拌匀即可。

花生仁粥

材料
大米150克，圆糯米20克，花生仁100克，奶粉10克，水1850毫升

调料
细砂糖130克

做法
1. 花生仁洗净，泡水约4小时后沥干水分，放入冰箱中冷冻一个晚上备用。
2. 大米、圆糯米一起洗净并沥干水分备用。
3. 将花生仁放入电饭锅内锅中，加水拌匀，外锅加入2杯水（分量外），煮至开关跳起，继续焖约5分钟，再加入大米、圆糯米拌匀，外锅再次加入1杯水（分量外），煮至开关跳起，再焖约5分钟，加入细砂糖拌匀即可。

柿干绿豆粥

材料
大米50克，绿豆50克，甜柿干1个，枸杞子5克，水500毫升

调料
冰糖1大匙

做法
1. 大米洗净沥干；甜柿干分切小块；绿豆泡水约30分钟，捞起备用。
2. 将大米、甜柿、绿豆、枸杞子和所有的调料放入电饭锅内锅中，盖上锅盖，按下开关，煮至开关跳起即可。

苹果黑枣粥

🌱 材料
大米40克，圆糯米50克，水800毫升，黑枣60克，苹果2个

🫙 调料
细砂糖100克

🍚 做法
1. 苹果去皮去籽后，切厚片备用。
2. 大米及圆糯米洗净，与水一起放入电饭锅内锅中，再放入黑枣和苹果片。
3. 外锅加入2杯水（分量外），按下开关煮至开关跳起。
4. 打开电锅盖，加入细砂糖拌匀即可。

坚果素粥

🌱 材料
大米50克，麦片30克，市售素高汤450毫升，综合坚果150克，姜末10克

🫙 调料
盐1/8小匙，白胡椒粉1/6小匙，香油1小匙

🍚 做法
1. 综合坚果洗净，沥干备用。
2. 大米和麦片洗净，和市售素高汤一起放入内锅中，再放入综合坚果和姜末。
3. 外锅加入1杯水，按下开关煮至开关跳起。
4. 打开锅盖，加入调料，拌匀后盛入碗中即可。

养生粥

材料
白饭	250克
土鸡胸肉	150克
西蓝花	60克
水	适量

调料
料酒	适量
盐	1/2小匙
鸡精	少许
淀粉	少许

高汤药材
当归	少许
川芎	少许
黄芪	少许
参须	少许
红枣	少许
枸杞子	少许

做法
❶ 将药材洗净，放入电饭锅内锅中，加入适量水和料酒，外锅加入1杯水（分量外），煮至开关跳起，留红枣、枸杞子及药汁。

❷ 鸡胸肉洗净沥干，切小块，加料酒和淀粉腌5分钟，再放入沸水中焯烫至变色，捞出沥干；西蓝花洗净，沥干后切小朵备用。

❸ 汤锅中倒入药汁，以中火煮开，加白饭改小火煮沸，加入土鸡胸肉和上海青煮至略浓稠，加入盐和鸡精调味即可。

小米南瓜子粥

材料
小米50克，圆糯米50克，南瓜60克，南瓜子50克，水800毫升

调料
细砂糖150克

做法
1. 南瓜去皮，切丁备用。
2. 小米及圆糯米洗净，与水、南瓜丁一起放入内锅中，盖上锅盖，按下开关。
3. 煮至开关跳起后，打开锅盖，加入细砂糖拌匀，盛入碗中，撒上南瓜子即可。

黄花菜排骨粥

材料
大米80克，黄花菜10克，排骨200克，姜丝10克，葱花10克，碎油条20克，水400毫升

调料
盐1/4小匙，白胡椒粉1/6小匙，香油1小匙

做法
1. 排骨洗净剁小块；黄花菜泡水后，捞起沥干备用。
2. 大米洗净，和水一起放入内锅中，再放入排骨、黄花菜和姜丝。
3. 将内锅放入电饭锅中，外锅加入1杯水（分量外），按下开关，煮至开关跳起。
4. 打开锅盖，加入调料，拌匀后盛入碗中，撒上葱花和碎油条即可。

黄金鸡肉粥

材料
大米40克，碎玉米50克，鸡胸肉120克，胡萝卜60克，姜末10克，葱花10克，水400毫升

调料
盐1/4小匙，白胡椒粉1/6小匙，香油1小匙

做法
1. 鸡胸肉和胡萝卜切小丁备用。
2. 大米和碎玉米洗净，与水一起放入内锅中，再放入胡萝卜丁及姜末。
3. 将内锅放入电饭锅中，外锅加入1杯水（分量外），按下开关，煮约10分钟后，打开锅盖，放入鸡肉丁拌匀，再盖上锅盖煮至开关跳起。
4. 打开锅盖，加入调料，拌匀后盛入碗中，撒上葱花即可。

栗子鸡肉粥

材料
大米80克，鸡胸肉100克，干栗子仁100克，姜末10克，葱花10克，碎油条20克，水400毫升

调料
盐1/4小匙，白胡椒粉1/6小匙，香油1小匙

做法
1. 鸡胸肉切小丁；干栗子仁浸泡约30分钟至泡发，挑去皮膜后对切备用。
2. 大米洗净，与水一起放入内锅中，再放入栗子仁和姜末。
3. 将内锅放入电饭锅中，外锅加入1杯水（分量外），按下开关，煮约10分钟后，打开锅盖，放入鸡胸肉丁拌匀，再盖上锅盖，煮至开关跳起。
4. 打开锅盖，加入调料，拌匀后盛入碗中，撒上葱花和碎油条即可。

玉米火腿粥

材料
大米	100克
玉米	20克
火腿丁	30克
青豆仁	5克
鸡蛋	1个
水	500毫升

调料
鸡精	1/4小匙
白胡椒粉	1/4小匙

做法
1. 大米洗净沥干备用。
2. 将大米、玉米、火腿丁、青豆仁、水和所有的调料，放入内锅中，再放进电饭锅中，按下开关煮至开关跳起。
3. 将鸡蛋打散，倒入内锅中，盖上锅盖，焖约1分钟即可。

海苔碎牛粥

材料
大米80克，碎牛肉150克，海苔片1张，姜末20克，葱花20克，碎油条20克，水450毫升

调料
盐1/2小匙，白胡椒粉1/4小匙，香油2小匙

做法

❶ 海苔片撕成小片备用。

❷ 大米洗净，与水一起放入内锅中，盖上锅盖，按下开关。

❸ 煮约30分钟后，打开锅盖，放入姜末、碎牛肉和海苔片拌开，盖上锅盖续煮。

❹ 煮至开关跳起后，打开锅盖，加入所有的调料拌匀，盛入碗中，撒上葱花和碎油条即可。

腊味芋头粥

材料
大米80克，腊肠100克，芋头100克，姜末10克，葱丝5克，水400毫升

调料
盐1/8小匙，白胡椒粉1/6小匙，香油1小匙

做法

❶ 腊肠和芋头切小丁备用。

❷ 大米洗净，与水一起放入内锅中，再放入腊肠丁、芋头丁和红葱酥、姜末。

❸ 将内锅放入电饭锅中，外锅加入1杯水（分量外），按下开关，煮至开关跳起。

❹ 打开锅盖，加入调料，拌匀后盛入碗中，撒上葱丝即可。

鱼丸蔬菜粥

材料
大米100克，水600毫升，鱼丸50克，紫茄5克，胡萝卜5克，上海青丝2克，干香菇2克，姜丝2克，油葱酥1/4小匙

调料
鸡精1/2小匙，白胡椒粉1/4小匙，料酒1大匙

做法
1. 大米洗净沥干；鱼丸洗净切片；紫茄洗净切圆片；胡萝卜洗净切丝；干香菇泡发后切丝备用。
2. 将水、大米、鱼丸片、胡萝卜丝、紫茄片、香菇丝、姜丝、油葱酥和所有调料放入内锅中。
3. 将内锅放入电饭锅中，外锅加入2杯水（分量外），盖上锅盖，按下开关，煮至开关跳起，再放入上海青丝焖熟即可。

三菇猪肝粥

材料
大米100克，水500毫升，猪肝50克，淀粉1大匙，鲜香菇5克，杏鲍菇5克，金针菇2克，葱段2克，姜丝2克，油葱酥1/4小匙

调料
鸡精1/2小匙，白胡椒粉1/4小匙，料酒1大匙

做法
1. 大米洗净沥干；猪肝洗净切片，与淀粉混合拌匀，放入沸水中稍烫后捞起沥干；鲜香菇、杏鲍菇洗净后切片；金针菇洗净去蒂后切段备用。
2. 将三种菇和葱以大火炒香后盛起，再加入水、大米、猪肝片、姜丝、油葱酥及所有调料，放入内锅中，将内锅放入电饭锅，按下开关，煮至开关跳起即可。

LESSON 6

炖补养生

香浓肉汤好滋味

想喝口汤改善生活，但没有汤锅，也没有时间和耐心细熬慢炖等待一锅汤出炉？没关系，有了电饭锅，美味肉汤想喝就能喝。

排骨玉米汤

材料
排骨300克，水300毫升，玉米2根，胡萝卜1/2根，葱1根

调料
盐1大匙

做法
1. 排骨洗净备用，玉米洗净切段，胡萝卜洗净切滚刀块，葱切段备用。
2. 所有材料放入电饭锅内锅，加水至盖过材料，外锅放1杯水（分量外），煮至开关跳起，最后放入葱段、加盐调味即可。

冬瓜贡丸汤

材料
贡丸200克，冬瓜500克，姜丝5克，水800毫升，芹菜末20克

调料
盐1/2小匙，鸡精1/4小匙，白胡椒粉1/8小匙

做法
1. 将冬瓜去皮去籽后切小块，洗净后与水、贡丸、姜丝一起放入汤锅中。
2. 电饭锅外锅放入1/2杯水（分量外）。
3. 按下开关蒸至开关跳起，加入芹菜末及所有调料调味即可。

黄瓜排骨汤

材料
排骨300克，大黄瓜500克，姜片15克，水800毫升

调料
盐1/2小匙，鸡精1/4小匙，料酒20毫升

做法
1. 将排骨剁小块，大黄瓜去皮去籽后切小块，一起放入沸水中焯烫约10秒后，取出洗净，与姜片一起放入汤锅中，倒入水、料酒。
2. 将汤锅放入电饭锅并在外锅倒入1杯水（分量外）。
3. 按下开关蒸至开关跳起，再加入其余调料调味即可。

苦瓜排骨酥汤

材料
排骨酥200克，苦瓜150克，姜片15克，水800毫升

调料
盐1/2小匙，鸡精1/4小匙，料酒20毫升

做法
1. 将苦瓜去籽后切小块，放入沸水中焯烫约10秒后，取出洗净，与排骨酥、姜片一起放入汤锅中，倒入水、料酒。
2. 将汤锅放入电饭锅，并在外锅倒入1杯水（分量外）。
3. 按下开关，蒸至开关跳起后加入其余调料调味即可。

酸菜鸭汤

材料
鸭肉300克，酸菜心100克，姜片15克，水600毫升

调料
盐1/2小匙，鸡精1/4小匙，料酒20毫升

做法
1. 将鸭肉剁小块，酸菜心切片，一起放入沸水中焯烫约10秒后，取出洗净，与姜片一起放入汤锅中，倒入水、料酒。
2. 在电饭锅外锅中倒入1杯水（分量外），放入汤锅。
3. 按下开关，蒸至开关跳起后加入其余调料调味即可。

香菇凤爪汤

材料
肉鸡脚300克，泡发香菇6个，姜片20克，水600毫升

调料
盐2/4小匙，鸡精1/4小匙，料酒40毫升

做法
1. 将鸡脚的爪及胫骨去掉，放入沸水中焯烫约10秒后洗净，泡发香菇与鸡脚、姜片一起放入汤锅中，倒入水及料酒。
2. 在电饭锅外锅内倒入1杯水（分量外），放入汤锅。
3. 按下开关，蒸至开关跳起后加入其余调料调味即可。

火腿冬瓜夹汤

材料
火腿	100克
冬瓜	500克
姜片	15克
水	800毫升

调料
盐	1/2小匙
鸡精	1/4小匙
料酒	20毫升

做法

1. 将冬瓜去皮去籽后切成长方厚片，再将厚片中间横切但不切断，切成蝴蝶片；火腿切薄片，备用。
2. 将冬瓜和金华火腿一起放入沸水中焯烫约10秒后，取出洗净。
3. 将火腿夹入冬瓜片中，与姜片一起放入汤锅中，倒入水、料酒。
4. 电饭锅外锅倒入1/2杯水（分量外），放入汤锅。
5. 按下开关，蒸至开关跳起后加入其余调料调味即可。

玉米龙骨汤

材料
猪龙骨300克，玉米500克，姜片15克，水800毫升

调料
盐1/2小匙，鸡精1/4小匙，料酒20毫升

做法
1. 将猪龙骨剁小块，玉米去壳去须后切小块，一起放入沸水中焯烫约10秒后，取出洗净，与姜片一起放入汤锅中，倒入水、料酒。
2. 电饭锅外锅倒入1杯水（分量外），放入汤锅。
3. 按下开关，蒸至开关跳起后加入其余调料调味即可。

萝卜马蹄汤

材料
马蹄200克，白萝卜150克，胡萝卜100克，芹菜段适量，姜片15克，水800毫升

调料
盐1/2小匙，鸡精1/4小匙

做法
1. 将马蹄去皮，白萝卜及胡萝卜去皮后切小块，一起放入沸水中焯烫约10秒后，取出洗净，与姜片一起放入汤锅中沸倒入水。
2. 电饭锅外锅放入1杯水（分量外），放入汤锅。
3. 按下开关，蒸至开关跳起后加入芹菜段与所有调料调味即可。

枸杞子蒸鲜贝

材料
扇贝8大粒，姜末6克，枸杞子20克

调料
盐适量，柴鱼素适量，料酒3小匙

做法

1. 将扇贝用清水冲洗肉上的沙肠，去除沙肠上的细沙。
2. 枸杞子用清水略为清洗后，用料理米酒浸泡10分钟至软，再加入姜末混合。
3. 将混合好的材料略分成8等份，一一放置处理好的扇贝上，再撒上盐与柴鱼素。
4. 将扇贝依序排放于盘中，再放入电饭锅，按下开关，蒸至开关跳起。

萝卜鲜虾锅

材料
草虾12只，萝卜120克，姜片10克，豆腐120克，干海带15克，水600毫升

调料
盐1/4小匙，柴鱼粉1/2小匙，味淋1大匙

做法

1. 海带泡水约10分钟至涨发后，取出放入汤锅（或内锅）中；萝卜去皮，与豆腐均切小块；草虾洗净剪掉长须后，连同姜片、水一起放入汤锅（或内锅）中。
2. 电饭锅外锅加入1杯水（分量外），放入汤锅，盖上锅盖，按下开关，蒸至开关跳起。
3. 取出草虾后再加入盐、柴鱼粉、味淋调味即可。

姜丝鲫鱼汤

材料
鲫鱼1条（约180克），豆腐200克，姜丝20克，香菜适量，水500毫升

调料
盐1/2小匙，鸡精1/4小匙，料酒1小匙，香油1/4小匙

做法
1. 鲫鱼洗净后置于汤锅（或内锅）中；豆腐切小块，与姜丝、水一起放入汤锅（或内锅）中。
2. 电饭锅外锅加入1杯水（分量外），放入汤锅，盖上锅盖，按下开关，蒸至开关跳起。
3. 取出鱼汤后，再加入盐、鸡精、料酒及香油调味，并放上香菜即可。

薏仁红枣排骨汤

材料
排骨200克，薏仁20克，红枣5颗，姜片15克，水600毫升

调料
盐3/4小匙，鸡精1/4小匙，料酒10毫升

做法
1. 将排骨剁小块放入沸水中焯烫后与薏仁及红枣一起洗净并放入汤锅中，倒入水及料酒、姜片。
2. 电饭锅外锅倒入1杯水（分量外），放入汤锅。
3. 按下开关，蒸至开关跳起后加入其余调料调味即可。

干贝竹荪鸡汤

材料
干贝7粒，竹荪10条，土鸡600克，姜片20克，水适量

调料
盐2小匙，鸡精1小匙，料酒50毫升

做法
1. 将干贝用清水洗净放入内锅，加水至盖过干贝，再将内锅放入电饭锅中，外锅加1/2杯水蒸30分钟。
2. 将土鸡焯烫5分钟至皮缩后捞出过冷水。
3. 将竹荪泡至软，捞出切成2厘米长的段，再焯烫1分钟，捞出过冷水洗净。
4. 取另一内锅，加15杯水，放入干贝、土鸡、竹荪与姜片和所有调料，外锅加入2杯水，按下开关，煮至开关跳起即可。

蒜子鸡汤

材料
土鸡200克，蒜头80克，水600毫升

调料
盐2小匙，鸡精1小匙，料酒1小匙

做法
1. 将土鸡肉剁小块，放入沸水中焯烫后，与蒜头一起放入汤锅中，倒入水及料酒。
2. 电饭锅外锅倒入1杯水（分量外），放入汤锅。
3. 按下开关，蒸至开关跳起后加入其余调料调味即可。

糙米黑豆排骨汤

材料

糙米	600克
黑豆	200克
排骨	600克
水	适量

调料

盐	2/4小匙
鸡精	1/4小匙
料酒	40毫升

做法

1. 将糙米与黑豆洗净后泡水，糙米要浸泡30分钟，黑豆要浸泡2小时。
2. 排骨剁成约4厘米长段，焯烫2分钟后，捞起用冷水冲洗，去除肉上杂质血污。
3. 内锅中加入适量水、糙米、黑豆及排骨，放入电饭锅中，外锅加2杯水（分量外），按下开关，待开关跳起。
4. 将所有调料放入锅中，外锅再加1/2杯水续煮一次即可。

巴西蘑菇木耳鸡汤

材料

鸡肉	600克
巴西蘑菇	200克
黑木耳	80克
水	1000毫升

调料

料酒	50毫升
盐	1小匙

做法

① 鸡肉洗净后剁小块；巴西蘑菇及黑木耳洗净，切小段，备用。

② 煮一锅水，水沸后将鸡肉下锅焯烫约1分钟后取出，以冷水洗净沥干。

③ 将烫过的鸡肉块放入电饭锅内锅，加入巴西蘑菇和木耳、水、料酒，盖上锅盖，按下开关，待开关跳起，加入盐调味即可。

黑枣山药鸡汤

材料

土鸡800克，黑枣12个，枸杞子5克，姜片30克，山药200克，水1000毫升

调料

盐1小匙，料酒50毫升

做法

1. 鸡肉洗净后剁小块；山药去皮切小块，备用。
2. 煮一锅水，水沸后将鸡肉块下锅焯烫约1分钟后取出，用冷水洗净沥干，备用。
3. 将烫过的鸡肉块放入电饭锅内锅，加入水、料酒、山药、枸杞子、黑枣及姜片，盖上锅盖，按下开关。
4. 待开关跳起，加入盐调味即可。

清炖鸡汤

材料

鸡肉块600克，姜片5克，葱段30克，水1200毫升

调料

盐1.5小匙，绍兴酒4大匙

做法

1. 鸡肉块放入沸水中焯烫去血水备用。
2. 将所有材料、绍兴酒放入电饭锅中，盖上锅盖，按下开关，待开关跳起，续焖30分钟，再加入盐调味即可。

姜丝豆酱炖鸭

材料
米鸭1/2只，老姜50克，水1000毫升

调料
盐少许，鸡精少许，客家豆酱5大匙

做法
1. 米鸭剁小块，放入沸水焯烫后捞出备用。
2. 老姜去皮，切细丝备用。
3. 将米鸭、老姜、所有调料和水，放入内锅中，再将内锅放入电饭锅，外锅加入2杯水（分量外）按下开关，煮至开关跳起即可。

人参枸杞子鸡汤

材料
土鸡1500克，水13杯，姜片15克，保鲜膜1大张，人参2支，枸杞子20克，红枣20克

调料
盐2小匙，料酒3大匙

做法
1. 把土鸡用沸水焯烫5分钟后捞起，用清水冲洗，去血水脏污，沥干后放入电饭锅内锅中备用。
2. 将人参、枸杞子、红枣洗净后放在土鸡上，再把姜片、盐、料酒与水一并放入，在锅口封上保鲜膜。
3. 电饭锅外锅加4杯水（分量外），炖煮约90分钟即可。

四神猪肚汤

🍲 材料
猪肚500克，姜片20克，水10杯

🌿 药材
薏仁50克，莲子30克，芡实40克，山药30克

🍶 调料
盐1小匙，鸡精1小匙，料酒2大匙

🍳 做法
1. 将面粉1小匙和白醋2大匙混合后用来搓揉猪肚外表及内部，再用冷水洗净后备用。
2. 将处理好的猪肚焯烫10分钟，捞起过冷水，切成长2厘米、宽1厘米的长条。
3. 把所有药材先浸泡15分钟后沥干水分。
4. 将所有材料放入内锅中，加入水，再加入姜片与所有调料，放入电饭锅中煮约50分钟即可。

香炖牛肋汤

🍲 材料
牛肋条（澳洲）1000克，水5杯，洋葱1/2个，姜丝10克，花椒粒少许，白胡椒粒少许，月桂叶数片

🍶 调料
盐2小匙，鸡精1小匙，料酒2大匙

🍳 做法
1. 将牛肋条切成6厘米左右长的段，焯烫3分钟后捞出过冷水，冲洗干净血污后备用。
2. 将洋葱切片后与姜丝一起放入内锅中，再加入花椒粒、白胡椒粒（拍碎）与月桂叶，再将牛肋条放上层，加入水后，放入电饭锅中，外锅加2杯水（分量外），按下开关，炖至开关跳起，加入所有调料再焖15~20分钟即可。

糙米浆炖鸡汤

材料
糙米100克，水1500毫升，红枣12颗，川芎3片，枸杞子10克，土鸡1/2只，姜片2片

调料
盐1小匙，料酒100毫升

做法
1. 糙米洗净，泡水约5小时后，沥干放入果汁机中，加入800毫升的水一起搅打成米浆，再加入剩余700毫升的水拌匀备用。
2. 将红枣、川芎、枸杞子分别洗净沥干，备用。
3. 土鸡肉洗净，切大块，放入沸水中焯烫后捞出，冲去污血备用。
4. 取电饭锅内锅，放入处理好的所有材料，再加入姜片、料酒，外锅加入1.5杯水（分量外），按下电饭锅开关，煮至开关跳起后，加盐调味即可。

山药乌骨鸡汤

材料
乌骨鸡1/4只，山药150克，枸杞子1小匙，老姜片10克，葱白2根

调料
盐1/2小匙，鸡精1/4小匙，绍兴酒1小匙

做法
1. 乌骨鸡剁小块、焯烫洗净，备用。
2. 山药去皮切块，焯烫后过冷水，备用。
3. 姜片、葱白用牙签串起，备用。
4. 取内锅，放入乌骨鸡、山药、姜片、葱白，再加入枸杞子、800毫升水及所有调料。
5. 将内锅放入电饭锅里，盖上锅盖、按下开关，煮至开关跳起后，捞除姜片、葱白即可。

养生排骨汤

🥘 材料
猪肋排2000克（约长10厘米），水1800毫升，葱段80克，姜片80克

🌿 药材
当归20克，川芎20克，白芍20克，熟地20克，参须20克，杜仲20克，甘草20克，枸杞子20克，黑枣20克，黄芪20克，桂皮20克，山葡萄20克

🧂 调料
盐3小匙，鸡精2小匙，料酒4大匙

📋 做法
1. 将猪肋排切成一根根，焯烫约2分钟后过冷水，洗净肉上的杂质。
2. 将所有药材冲洗约30秒，沥干备用。
3. 内锅加入水，放入处理好的药材、猪肋排，再将内锅放入电饭锅，按下开关，待开关跳起，续焖至肉变软即可。

四物鸡

🥘 材料
乌骨鸡1200克，水1200毫升，姜片20克，保鲜膜1大张

🧂 调料
盐2小匙，料酒3大匙

🌿 药材
红枣20克，白芍8克，黄芪8克，淮山8克，桂皮6克，当归6克，枸杞子10克，补骨脂4克

📋 做法
1. 将乌骨鸡用沸水焯烫约5分钟至皮缩肉紧后，立刻过冷水冲洗干净，剁块备用。
2. 将所有药材用清水泡10分钟冲洗沥干。
3. 将所有材料、药材和调料先后放入内锅，封上保鲜膜后将内锅放入电饭锅内，外锅加3杯水（分量外），蒸90分钟即可。

蒜子炖鳗鱼

材料

鳗鱼400克，蒜头80克，姜片10克，水800毫升

调料

盐1/2小匙，鸡精1/4小匙，料酒1小匙

做法

1. 鳗鱼洗净，切小段与蒜头、料酒与姜片、水一起放入汤锅（或内锅）中。
2. 电饭锅外锅加入1杯水（分量外），放入汤锅，盖上锅盖，按下开关，蒸至开关跳起。
3. 取出鳗鱼后，加入盐、鸡精调味即可。

当归炖鱼

材料

鳗鱼1400克，水800毫升，当归5克，枸杞子8克，姜片15克

调料

盐1/2小匙，细砂糖1/4小匙，料酒1小匙

做法

1. 鳗鱼洗净，切小段，当归、枸杞子、料酒、姜片、水一起放入汤锅（或内锅）中。
2. 电饭锅外锅加入1杯水（分量外），放入汤锅，盖上锅盖，按下开关，蒸至开关跳起。
3. 取出鳗鱼后，加入盐、细砂糖调味即可。

莲藕排骨汤

材料
排骨200克，莲藕100克，水800毫升，陈皮1片，老姜片10克，葱白2根

调料
盐1/2小匙，鸡精1/2小匙，绍兴酒1小匙

做法
1. 排骨剁小块，焯烫洗净，备用。
2. 莲藕去皮切块，焯烫后沥干；陈皮泡软、削去内部白膜，备用。
3. 姜片、葱白用牙签串起，备用。
4. 取电饭锅内锅，放入排骨、莲藕、陈皮、姜片、葱白，再加入水及所有调料。
5. 将内锅放入电饭锅里，盖上锅盖、按下开关，煮至开关跳起后，捞除姜片、葱白即可。

绍兴酒煮虾

材料
白虾600克，水500毫升，姜片20克

药材
当归8克，川芎8克，枸杞子10克，参须10克，红枣20克，黑枣20克

调料
绍兴酒4大匙，盐2小匙

做法
1. 将药材用清水浸泡约10分钟。
2. 白虾用剪刀从背部剪开，去除沙肠及头部尖端的刺，用清水洗净后备用。
3. 内锅倒入水，加入姜片、中药材、盐、绍兴酒及白虾，外锅加1杯水（分量外），按下开关，煮至开关跳起即可。

LESSON 7

炖补养生
香浓肉汤好滋味

无论什么时候，肉菜总是比蔬菜更醇厚浓郁一些。红烧鸡块、炖牛腱、照烧排骨……光听名字就足以让人流口水。利用电饭锅就能轻松做出这些你想吃的美味。

栗子香菇鸡

材料
土鸡腿1只，泡发香菇3个，干栗子80克，姜末5克，辣椒1个

调料
蚝油3大匙，细砂糖1小匙，淀粉1小匙，料酒1大匙，香油1小匙

做法
1. 鸡腿洗净剁小块；干栗子用开水泡30分钟后去碎皮；泡发香菇切小块；辣椒切片，备用。
2. 将鸡肉块及香菇块、辣椒片、姜末及所有调料一起拌匀后放入盘中。
3. 电饭锅外锅倒入1杯水，放入盘子。
4. 按下开关，蒸至开关跳起即可。

豆豉鸡

材料
土鸡腿1只，姜末5克，蒜酥5克，辣椒末5克，豆豉20克

调料
蚝油1大匙，细砂糖1小匙，淀粉1/2小匙，料酒1大匙，香油1小匙

做法
1. 鸡腿洗净剁小块；豆豉洗净切碎，备用。
2. 将鸡肉块及豆豉碎、蒜酥、辣椒末、姜末及所有调料一起拌匀后放入盘中。
3. 电饭锅外锅倒入1/2杯水，放入盘子，按下开关，蒸至开关跳起即可。

东江盐焗鸡

材料
土鸡腿1只，葱30克，姜25克，八角2粒，花椒粉1/4小匙，山柰粉1/4小匙

调料
盐1小匙，鸡精1/2小匙，细砂糖1/6小匙，白胡椒粉1/6小匙，料酒1大匙，水50毫升

做法
1. 土鸡腿洗净，两侧用刀划深约1厘米的切痕，以便腌渍入味。
2. 将葱、姜及八角拍破，放入盆中，加入所有调料及花椒粉、山柰粉，并用手抓匀。
3. 盆中放入鸡腿，用葱、姜等香料水搓揉至鸡腿入味，并腌渍约20分钟。
4. 电饭锅外锅倒入1杯水（分量外），放入蒸架，将鸡腿连同腌汁一起放入，按下开关，蒸至开关跳起。
5. 取出鸡腿切块，再淋入蒸鸡腿的汤汁即可。

笋块蒸鸡

材料
土鸡腿300克，泡发香菇2个，绿竹笋200克，姜末5克，辣椒1个

调料
细砂糖1/4小匙，蚝油2大匙，淀粉1/2小匙，料酒1大匙，香油1小匙

做法
1. 鸡腿洗净剁小块；绿竹笋削去粗皮切小块；泡发香菇切小块；辣椒切片，备用。
2. 将鸡肉块、香菇块、辣椒片、姜末及所有调料一起拌匀后，放入盘中。
3. 电饭锅外锅倒入1杯水，放入盘子，按下开关，蒸至开关跳起即可。

辣酱冬瓜鸡

材料
土鸡腿350克，冬瓜400克，姜丝10克，辣椒酱2大匙

调料
盐1/8小匙，料酒30毫升，细砂糖1小匙

做法
1. 将鸡腿剁小块；冬瓜洗净去皮，切小块备用。
2. 将鸡腿、冬瓜加入姜丝及所有调料拌匀后放入碗中。
3. 电饭锅外锅加入1/2杯水，放入碗，盖上锅盖后按下电饭锅开关，待开关跳起后再焖约10分钟即可。

醉鸡

材料
土鸡腿550克，铝箔纸1张

调料
A 盐1/6小匙，当归3克 B 绍兴酒300毫升，水200毫升，枸杞子5克，盐1/4小匙，鸡精1小匙

做法
1. 土鸡腿去骨后在内侧均匀撒上1/6小匙的盐，再用铝箔纸卷成圆筒状，并将开口卷紧。
2. 电饭锅外锅倒入1杯水（分量外），放入蒸架，将鸡腿卷放入，按下开关，蒸至开关跳起，取出放凉。
3. 当归切小片，加入调料B煮开约1分钟后放凉成汤汁。
4. 将鸡腿撕去铝箔后浸泡于汤汁中，冷藏一晚后切片食用即可。

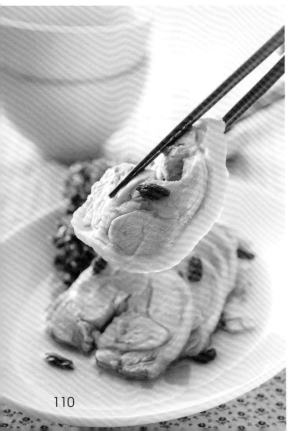

芋头焖排骨

材料

排骨200克,芋头200克,蒜末10克,辣椒片10克

调料

盐1/3小匙,细砂糖1小匙,水4大匙,料酒1大匙,香油1小匙

做法

❶ 排骨洗净剁小块;芋头去皮切小块,备用。

❷ 将排骨、芋头、蒜末、辣椒片及所有调料一起拌匀后放入盘中。

❸ 电饭锅外锅倒入1杯水（分量外），放入盘子，按下开关，蒸至开关跳起即可。

鱼香排骨

材料

小排骨300克,蒜末30克,姜末30克

调料

Ⓐ 盐1/8小匙,糖1/6小匙,淀粉1小匙,水20毫升,料酒1大匙 Ⓑ 辣椒酱1大匙,酱油1小匙,白醋1小匙,细砂糖1小匙,水30毫升,淀粉1/2小匙,香油30毫升

做法

❶ 小排骨剁小块,用流动的水洗去血水后沥干备用。

❷ 将排骨及调料A一起拌匀,腌渍5分钟后装盘备用。

❸ 将调料B及蒜末、姜末拌匀成酱汁淋至排骨上。

❹ 电饭锅外锅倒入1/2杯水,放入盘子,按下开关,蒸至开关跳起即可。

蒜香煲排骨

材料
排骨200克，蒜酥30克，蒜末10克，葱段适量

调料
酱油2大匙，细砂糖1小匙，淀粉1小匙，水2大匙，料酒1大匙，香油1小匙

做法
1. 排骨洗净剁小块。
2. 将排骨、蒜酥、蒜末及所有调料一起拌匀后放入盘中。
3. 电饭锅外锅倒入1/2杯水（分量外），放入盘子。
4. 按下开关，蒸至开关跳起后撒上葱段即可。

梅干蒸肉饼

材料
猪肉馅300克，姜末10克，葱末10克，鸡蛋1个，梅干菜50克

调料
盐1/4小匙，水50毫升，鸡精1/4小匙，细砂糖1小匙，酱油1小匙，料酒1小匙，白胡椒粉1/2小匙，香油1大匙

做法
1. 梅干菜泡水1小时，洗净，焯烫1分钟后捞出冲凉，挤干水分切碎；猪肉馅放入盆中，加入所有调料（香油和水除外）及鸡蛋拌匀后，将水加入其中，搅拌至水分被肉吸收。
2. 于肉馅中加入葱、姜末、梅干菜及香油，拌匀后装盘。
3. 电饭锅外锅倒入1/2杯水（分量外），放入盘子，按下开关，蒸至开关跳起即可。

腊肉豆腐

材料

板豆腐200克，腊肉60克，姜丝10克，辣椒丝5克

调料

蚝油1小匙，细砂糖1/2小匙，绍兴酒1大匙

做法

1. 板豆腐切小方块；腊肉切丝，备用。

2. 将板豆腐焯烫约10秒后沥干装盘备用。

3. 将腊肉丝与姜丝、辣椒丝摆放在豆腐上，再将蚝油、细砂糖及绍兴酒拌匀后淋在豆腐上。

4. 电饭锅外锅倒入1/3杯水，放入做法3的盘子，按下开关，待开关跳起即可。

碎肉豆腐饼

材料

猪肉馅300克，板豆腐150克，马蹄50克，姜末10克，葱末10克，鸡蛋1个

调料

盐3克，鸡精4克，细砂糖5克，酱油10毫升，料酒10毫升，水50毫升，白胡椒粉1/2小匙，香油1小匙

做法

1. 马蹄切碎末；板豆腐焯烫10秒，冲凉后再压成泥；猪肉馅放入盆中，加盐搅拌至有黏性。

2. 肉馅中加入鸡精、细砂糖及鸡蛋拌匀，将水分2次加入，边加水边搅拌至水分被肉吸收。

3. 加入剩余材料及调料拌匀，将肉馅分成10份，压成饼状，摆放至盘中。

4. 将盘子放入电饭锅蒸架，外锅加适量水（分量外），按下开关，蒸至开关跳起即可。

油豆腐炖肉

📋 材料
油豆腐150克，五花肉250克，水300毫升，葱段30克，姜片10克，八角4粒，万用卤包（市售）1包，辣椒1个

🥣 调料
酱油7大匙，细砂糖2大匙

📖 做法
1. 五花肉切小块，用开水焯烫；油豆腐切小块；辣椒切段，备用。
2. 将五花肉和油豆腐放入电饭锅内锅中，加入水、卤包、葱段、姜片、八角及所有调料。
3. 电饭锅外锅加入1杯水（分量外），放入内锅，盖上锅盖后按下电饭锅开关，待开关跳起再焖约20分钟即可。

红曲萝卜肉

📋 材料
梅花肉200克，胡萝卜100克，白萝卜500克，水300毫升，红葱酥10克，姜10克，蒜仁20克，万用卤包（市售）1包

🥣 调料
红曲酱2大匙，酱油3大匙，鸡精1小匙，糖1大匙

📖 做法
1. 梅花肉切小块，用开水焯烫；蒜仁及姜切碎；白萝卜及胡萝卜去皮后切小块，备用。
2. 将水、梅花肉、蒜仁、白萝卜、胡萝卜放入电饭锅内锅中，加入卤包及所有调料。
3. 外锅加入1杯水（分量外），放入内锅，盖上锅盖后按下电饭锅开关，待开关跳起后再焖约20分钟即可。

胡萝卜炖牛腱

材料
牛腱300克，胡萝卜200克，水300毫升，葱段40克，姜片20克

调料
酱油80毫升，细砂糖2大匙

做法
1. 将胡萝卜去皮洗净后切块，牛腱切小块，放入沸水中焯烫约1分钟后洗净，与胡萝卜一起放入内锅中。
2. 内锅中加入水（分量外）、姜片、葱段及所有调料。
3. 外锅加入1杯水，放入内锅，盖上锅盖后按下开关，待开关跳起，焖约20分钟。
4. 外锅再加入1杯水（分量外）后，按下电饭锅开关再蒸一次，待开关跳起后再焖约20分钟即可。

咖喱牛腱

材料
牛腱300克，土豆200克，洋葱80克，水200毫升

调料
咖喱块1/2盒

做法
1. 将土豆及洋葱去皮洗净后切块，牛腱切小块，放入沸水中焯烫约1分钟后洗净，与土豆、洋葱一起放入电饭锅内锅中。
2. 内锅中加入咖喱块及水。
3. 电饭锅外锅加入1杯水（分量外），放入内锅，盖上锅盖后按下开关，待跳起，焖约20分钟。
4. 外锅再加入1杯水（分量外）按下开关再蒸一次，待开关跳起后再焖约20分钟，取出拌匀即可。

红仁猪蹄

🥘 材料
猪蹄300克，水500毫升，葱段40克，姜片40克，胡萝卜块

🥢 调料
盐2小匙，料酒2大匙

📋 做法
1. 将猪蹄剁小块，放入沸水中焯烫约2分钟后，洗净放入电饭锅内锅中备用。
2. 将水、葱段、姜片、胡萝卜块及所有调料加入内锅中。
3. 外锅加入1杯水（分量外），放入内锅，盖上锅盖后按下开关。
4. 待开关跳起，焖约20分钟后，外锅再加入1杯水（分量外），按下开关再蒸一次，待开关跳起后再焖约20分钟即可。

辣酱蒸爆猪皮

🥘 材料
爆猪皮80克，白萝卜100克，蒜末20克，姜末20克，葱丝适量

🥢 调料
辣椒酱3大匙，蚝油1大匙，糖1小匙，香油1大匙

📋 做法
1. 爆猪皮用开水泡约5分钟至软后切小块；白萝卜去皮后洗净切厚片，备用。
2. 将爆猪皮、白萝卜片、蒜末、姜末及所有调料一起拌匀后放入盘中。
3. 电饭锅外锅放入1杯水，放入做法2的盘子，按下开关蒸至开关跳起后，撒上葱丝即可。

LESSON 8

有鱼有虾
饭菜质量才叫高

鱼虾鲜嫩且富含蛋白质，大人小孩都爱吃。可是烹饪时却让高手也要担心几分——万一没做好岂不是浪费了好食材？没关系，电饭锅让你做鱼做虾零失败。

腌梅蒸鳕鱼

材料
鳕鱼1片，葱段适量，葱丝适量，姜丝适量

调料
盐1小匙，酒1大匙，紫苏梅3~4个，梅汁1大匙

做法
1. 将鳕鱼洗净沥干，抹上盐及酒。
2. 盘中铺上葱段，再放上鳕鱼片，放上紫苏梅淋上梅汁。
3. 外锅放1杯水，将放有鳕鱼片的盘子放入其中蒸至开关跳起。
4. 起锅后撒上姜丝、葱丝即可。

松菇三文鱼卷

材料
三文鱼片300克，柳松菇100克，芦笋150克，开水1/2杯

调料
高汤1大匙，蚝油1大匙，味淋1小匙，糖少许，香油少许，淀粉少许

做法
1. 三文鱼片切成薄片；柳松菇去尾洗净；芦笋保留前段有花部分（约15厘米），洗净。
2. 将所有调料拌匀成酱汁备用。
3. 取一片三文鱼片，放上5朵柳松菇，卷起固定，重复此步骤至材料用毕，将松菇三文鱼卷接缝处朝下摆盘，芦笋则间隔摆在两个松菇三文鱼卷之间。
4. 电饭锅内加入开水，待蒸汽冒出后，将三文鱼卷连盘放入其中蒸约5分钟，淋上酱汁，再蒸1分钟即可。

咖喱鲷鱼片

🌱 材料
鲷鱼200克，苹果150克，胡萝卜150克，洋葱150克，甜豆、椰浆、咖喱粉、色拉油各少许，开水2杯

🧂 调料
香油少许

🍳 做法
1. 鲷鱼一剖为二后沿纹路切片；洋葱洗净；苹果、胡萝卜分别洗净并削去外皮，皆切成与鲷鱼同大小的长形块备用。
2. 电饭锅中放入开水（分量外）、盐，将胡萝卜块及甜豆稍微焯烫捞出，沥干水分备用。
3. 将电饭锅洗净，放入色拉油烧热，炒香咖喱粉及洋葱块后，再放入苹果块及开水煮5分钟，最后加入鲷鱼片、胡萝卜块、甜豆及椰浆续煮2分钟即可。

鳕鱼破布子

🌱 材料
Ⓐ 鳕鱼200克，破布子1/2小瓶，葱丝少许，姜丝少许，红辣椒丝少许，开水半杯 Ⓑ 姜片2片，酒1大匙，盐1/2小匙

🧂 调料
盐少许

🍳 做法
1. 鳕鱼洗净，用材料B腌渍约10分钟后取出，用纸巾吸去多余水分备用。
2. 将鳕鱼摆盘，倒入破布子，撒上少许姜丝。
3. 电饭锅外锅加入开水，按下开关，盖上锅盖，待蒸汽冒出后，掀盖将鳕鱼连盘放入其中，蒸约5分钟后，再掀盖撒上葱丝、姜丝、红辣椒丝续蒸至熟即可。

豆豉虱目鱼

材料
虱目鱼肚1片（约220克），姜丝10克，蒜末10克，辣椒1个，葱花10克

调料
豆豉25克，蚝油2小匙，酱油1大匙，料酒1小匙，细砂糖1小匙，水2大匙

做法
1. 虱目鱼肚洗净置于深盘上；辣椒切丝，备用。
2. 豆豉洗净沥干后，与姜丝、蒜末、辣椒丝及其余调料一起拌匀，淋至虱目鱼肚上。
3. 电饭锅外锅加入1/2杯水（分量外），放入蒸架后将虱目鱼肚放置于架上，盖上锅盖，按下开关，蒸至开关跳起，取出撒上葱花即可。

泰式蒸鱼

材料
鲜鱼1条（约230克），西红柿90克，柠檬1/2个，蒜末5克，香菜6克，辣椒1个

调料
鱼露1大匙，白醋1小匙，盐1/4小匙，细砂糖1/2小匙

做法
1. 鲜鱼处理好后洗净，在鱼身两侧各划2刀，划至骨头处但不切断，置于盘上；柠檬榨汁；西红柿切丁；香菜、辣椒切碎，备用。
2. 将蒜末与柠檬汁、西红柿丁、香菜碎、辣椒碎，及所有调料一起拌匀后，淋至鲜鱼上。
3. 电饭锅外锅加入1/2杯水，放入蒸架后，将鲜鱼放置于架上，盖上锅盖，按下开关，蒸至开关跳起即可。

黑椒蒜香鱼

材料

草鱼肉片1片（约120克），蒜头酥25克

调料

色拉油1大匙，黑胡椒1/2小匙，陈醋1小匙，西红柿酱1小匙，水1大匙，细砂糖1/2小匙，料酒1小匙

做法

1. 草鱼肉片洗净后，置于盘上备用。
2. 将色拉油、蒜头酥、黑胡椒与其余调料调匀后淋至草鱼肉片上。
3. 放入电饭锅中，外锅加入1/2杯水（分量外），按下开关，蒸至开关跳起后取出即可。

清蒸鲜鱼

材料

鲜鱼1条（约230克），青葱2根，姜10克

调料

料酒1小匙，蚝油1小匙，酱油1大匙，细砂糖1小匙，水1大匙

做法

1. 鲜鱼处理好后洗净，在鱼身两侧各划2刀，划至骨头处但不切断，置于盘上备用。
2. 将所有调料调匀后，淋在鲜鱼上，再将葱切段、姜切丝铺在鲜鱼上。
3. 将盘子放入电饭锅中，外锅加入1/2杯水（分量外），按下开关，蒸至开关跳起后取出，挑去葱姜即可。

塔香鱼

材料
草鱼肉片　1片（约150克）
罗勒叶　　10克
蒜头酥　　20克
辣椒末　　5克
色拉油　　2大匙

调料
陈醋　　　1大匙
水　　　　1大匙
细砂糖　　1小匙

做法
1. 草鱼肉片洗净后在鱼身划2刀，置于盘上备用。
2. 将罗勒叶切碎，加入色拉油、蒜头酥、辣椒末及所有调料，拌匀后淋在鱼上。
3. 将盘子放入电饭锅中，外锅加入1/2杯水（分量外），按下开关，蒸至开关跳起后取出即可。

蒜泥鱼片

🐟 材料
草鱼肉150克，葱花15克，蒜泥15克，辣椒末5克

🍶 调料
Ⓐ 料酒1小匙，水1大匙 Ⓑ 酱油2大匙，细砂糖1小匙，开水1大匙，香油1小匙

🍲 做法
❶ 将草鱼肉洗净，切成厚约1厘米的鱼片，排放至盘中备用。
❷ 将料酒及水混合后淋至鱼片上，放入电饭锅中，外锅加入1/2杯水（分量外），按下开关，蒸至开关跳起后取出。
❸ 将调料B混合调匀，加入葱花、蒜泥及辣椒末拌匀后，淋至鱼片上即可。

豆瓣鱼片

🐟 材料
草鱼肉200克，蒜末10克，葱花15克

🍶 调料
酱油1大匙，细砂糖1/2小匙，水2大匙，料酒1小匙，淀粉1/6小匙，香油1小匙，豆瓣酱两大匙

🍲 做法
❶ 草鱼肉洗净，在鱼身划2刀，置于盘上备用。
❷ 将蒜末及所有调料调匀后，淋至草鱼片上，再撒上葱花。
❸ 将盘子放入电饭锅中，外锅加入1/2杯水（分量外），按下开关蒸至开关跳起后取出即可。

红烧鱼

材料
鲜鱼1条（约160克），青葱2根，姜15克，辣椒1个

调料
辣豆瓣2大匙，甜酒酿1大匙，细砂糖1/2小匙，水1大匙，香油1小匙，淀粉1/6小匙

做法
① 鲜鱼洗净后在鱼身两侧各划2刀，划至骨头处但不切断，置于盘上备用。

② 将葱切小段、辣椒切条、姜切丝，分别铺在鲜鱼上，再将所有调料调匀后，淋在鲜鱼上。

③ 将盘子放入电饭锅中，外锅加入1/2杯水（分量外），按下开关，蒸至开关跳起后取出即可。

青椒鱼片

材料
鲷鱼肉120克，青椒60克，红椒1个，姜15克

调料
盐1/6小匙，鸡精1/6小匙，细砂糖1/8小匙，料酒1小匙，水1大匙，淀粉1/6小匙

做法
① 将鲷鱼肉切成厚约1厘米的鱼片；青椒切小块；红椒与姜切小片，备用。

② 将所有调料与材料一起拌匀后，排放至盘中。

③ 将盘子放入电饭锅中，外锅加入1/2杯水（分量外），按下开关蒸至开关跳起后取出即可。

破布子鱼头

材料
鲢鱼头1/2个，姜末10克，葱花15克

调料
破布子酱（连汤汁）5大匙，细砂糖1/4小匙，料酒1小匙，香油1/4小匙

做法
1. 鲢鱼头洗净后，置于汤盘上。
2. 将姜末、葱花及所有调料调匀后，淋至鲢鱼头上。
3. 将汤盘放入电饭锅中，外锅加入1杯水，按下开关，蒸至开关跳起后取出即可。

香菇镶虾浆

材料
虾仁150克，鲜香菇10个，葱花20克，姜末10克

调料
A 盐、鸡精、细砂糖各1/4小匙　B 淀粉、香油各1大匙

做法
1. 虾仁挑去肠泥、洗净沥干，用刀背拍成泥，加入葱花、姜末及调料A拌匀，再加入调料B，拌匀成虾浆，冷藏。
2. 鲜香菇泡水约5分钟后，挤干水分，平铺于盘上，再撒上一层薄薄的淀粉（分量外）。
3. 将虾浆平均铺于鲜香菇上，均匀地抹成小丘状，重复此动作至材料用毕。
4. 电饭锅外锅加入水，放入蒸架后将香菇整盘放置于架上，按下开关，蒸至开关跳起即可。

葱油蒸虾

材料
虾仁120克，葱丝30克，姜丝15克，辣椒丝15克

调料
蚝油1小匙，酱油1小匙，细砂糖1小匙，色拉油2大匙，料酒1小匙，水2大匙

做法
1. 虾仁洗净后，排放于盘上备用。
2. 将色拉油、葱丝、姜丝及辣椒丝拌匀，再加入其余调料拌匀，淋至虾仁上。
3. 电饭锅外锅加入1/2杯水（分量外），放入蒸架后将虾仁放置于架上，盖上锅盖，按下开关，蒸至开关跳起即可。

甜辣鱼片

材料
鲷鱼肉150克，葱花15克

调料
Ⓐ 料酒1小匙，水1大匙 Ⓑ 泰式甜辣酱3大匙，开水1大匙

做法
1. 将鲷鱼肉洗净，切成厚约1厘米的鱼片，排放至盘中。
2. 将料酒及水混合后，淋至鱼片上。
3. 将盘子放入电饭锅中，外锅加入1/2杯水（分量外），按下开关，蒸至开关跳起后取出，再将泰式甜辣酱与开水混合调匀后，淋至鱼片上，最后撒上葱花即可。

蒜泥虾

材料
草虾8只，蒜泥2大匙，葱花10克

调料
Ⓐ 料酒1小匙，水1大匙 Ⓑ 酱油1大匙，开水1小匙，细砂糖1小匙

做法
① 草虾洗净、剪掉长须后，用刀在虾背由虾头直剖至虾尾处，但腹部不切断，且留下虾尾不摘除。
② 将虾子肠泥去除洗净后，排放至盘子上备用。
③ 将调料B混合成酱汁备用。
④ 将蒜泥与调料A混合后，淋于虾子上，再将盘子放入电饭锅中，按下开关，蒸至开关跳起后取出，淋上酱汁、撒上葱花即可。

盐水虾

材料
草虾20只，青葱2根，姜25克

调料
盐1小匙，水2大匙，料酒1小匙

做法
① 草虾洗净，剪掉长须置于盘中；葱切成段；姜切片，备用。
② 将葱段与姜片铺于草虾上。
③ 将所有调料混合淋至草虾上。
④ 将盘子放入电饭锅中，外锅加入1/2杯水（分量外），按下开关，蒸至开关跳起后取出，挑去葱姜、倒出盐水，即可。

萝卜丝蒸虾

材料
虾仁150克，白萝卜50克，辣椒1个，葱1根

调料
蚝油1小匙，酱油1小匙，细砂糖1小匙，料酒1小匙，水1大匙，香油1小匙

做法
1. 虾仁洗净后，排放于盘上；白萝卜、葱、辣椒切丝，备用。
2. 将白萝卜丝与辣椒丝，排放于虾仁上，再将调料（香油除外）调匀后淋于虾仁上。
3. 电饭锅外锅加入1/2杯水（分量外），放入蒸架后，将虾仁放置于架上，盖上锅盖，按下开关，蒸至开关跳起，取出，撒上葱丝，再淋上香油即可。

酸辣蒸虾

材料
鲜虾12只，辣椒4个，蒜头4瓣，柠檬1个

调料
水1大匙，鱼露1大匙，细砂糖1/4小匙，料酒1小匙

做法
1. 鲜虾洗净，剪掉长须置于盘中；柠檬榨汁，辣椒及蒜头一起切碎，与柠檬汁及所有调料拌匀，淋至鲜虾上。
2. 将鲜虾用保鲜膜封好。
3. 电饭锅外锅加入1/2杯水（分量外），放入蒸架后，将鲜虾放置于架上，盖上锅盖，按下开关，蒸至开关跳起即可。

LESSON 9

鲜蔬菇豆

家常小菜最养人

　　萝卜青菜，各有所爱。电饭锅做小菜，一样可以保持其脆嫩口感、新鲜色调，且能让人跟着自然节气的变化 品尝不同的美味。

珍菇豆腐

材料

金针菇罐头1/2罐，传统豆腐2块，香菇丝1大匙，小西红柿6个，开水1杯

调料

素高汤、姜末、素蚝油、素肉燥各1大匙，水淀粉、盐各1小匙，香油少许

做法

1. 将金针菇罐头打开，倒出一半金针菇，用开水泡5分钟；小西红柿洗净，切片摆盘。
2. 将调料（香油除外）搅拌均匀制成酱汁备用。
3. 电饭锅加水（分量外），按下开关预热，加入1小匙盐，放入豆腐焯烫后捞出冲凉，摆于小西红柿盘中，上面再铺上金针菇、香菇丝，最后淋上酱汁备用。
4. 倒掉电饭锅中的水，再加入1杯开水，按下开关，待蒸汽冒出后，将盘放入其中蒸5分钟即取出，淋上少许香油即可。

茭白夹红心

材料

肉馅150克，茭白2根，枸杞子1大匙，葱末1/2大匙，姜末1/2大匙，开水1/2杯，小豆苗适量

调料

Ⓐ 蚝油1小匙，香油1/2小匙，水淀粉1小匙，高汤1大匙 Ⓑ 酱油1/2大匙，盐1/2小匙

做法

1. 茭白洗净，斜切成厚片，再于每一厚片中间横切一刀但不切断；将调料A搅拌均匀制成酱汁备用。
2. 将肉馅与酱油、盐一起用力拌打至出筋后，与葱末、姜末及枸杞子搅拌均匀，再塞入茭白片中间横切的缝隙中，放在铺了小豆苗的盘子上备用。
3. 电饭锅加1/2杯开水，按下开关，待蒸汽冒出后，掀盖连盘放入蒸7分钟，再打开盖子，淋上酱汁续焖1分钟即可。

蒸苦瓜薄片

材料
苦瓜	300克
金针菇	1把

调料
A
水	30毫升
盐	2克
味淋	18毫升
风味素	2克

B
香油	18毫升

做法
1. 苦瓜切成厚约1厘米的薄片，加少许盐（分量外）搓揉拌匀，再洗去表面盐分，挤干水分；金针菇去蒂，以酒水（浓度15%）洗净，挤干水分，备用。
2. 将调料A混合成酱汁备用。
3. 取一盘，先铺上苦瓜片，再放上金针菇，并淋上酱汁备用。
4. 电饭锅内锅中倒入2杯水（分量外），盖上锅盖，按下开关煮至冒出蒸汽，再放入盘子蒸约5分钟。
5. 取出盘子，淋上香油即可。

美味小知识
切得越薄的食材，所需的蒸的时间越短，因此大约5分钟就可以将苦瓜薄片蒸熟。另外切得越薄的苦瓜，在经过事先处理与调味后，苦味就会变淡，而且更能吸收汤汁，风味更佳。

豆腐虾仁

🌱 **材料**

虾仁	150克
豆腐	200克
葱花	20克
姜末	10克

🍶 **调料**

A

盐	1/4小匙
鸡精	1/4小匙
细砂糖	1/4小匙

B

淀粉	1大匙
香油	1大匙

📋 **做法**

1. 虾仁挑去肠泥、洗净、沥干水分，用刀背拍成泥，加入葱花、姜末及调料A搅拌均匀，再加入调料B，拌匀制成虾浆，冷藏备用。

2. 豆腐切成厚约1厘米的10块长方块，平铺于盘上，表面撒上一层薄薄的淀粉（分量外）。

3. 将虾浆平均置于豆腐上，均匀地抹成小丘状，重复上述步骤至材料用毕。

4. 电饭锅外锅加入1/2杯水，放入蒸架后，将豆腐整盘放置于架上，盖上锅盖，按下开关，蒸至开关跳起即可。

咸鱼蒸豆腐

材料
咸鲭鱼80克，豆腐180克，姜丝20克

调料
香油1/2小匙

做法
1. 豆腐切成厚约1.5厘米的厚片，置于盘里备用。
2. 咸鲭鱼略清洗过，斜切成厚约0.5厘米的薄片备用。
3. 将咸鱼片摆放在豆腐上，再铺上姜丝。
4. 电饭锅外锅加入3/4杯水，放入蒸架后，将咸鱼片放置于架上，盖上锅盖，按下开关，蒸至开关跳起，取出鱼后，淋上香油即可。

蜜汁素火腿

材料
素火腿片6片，菠萝片5片，红枣6个，土司3片，开水1/2杯

调料
西红柿酱1大匙，蜂蜜1大匙，冰糖1大匙，柳橙汁1大匙，酱油1小匙，盐1/2小匙

做法
1. 红枣洗净，以温水浸泡约10分钟至软后取出，和素火腿、菠萝片一起摆盘备用；将所有调料搅拌均匀制成酱汁，倒入盘中。
2. 土司去边，每片一开为二，再从中间切一刀，但不切断备用。
3. 电饭锅外锅加1/2杯开水，按下开关，连盘放入素火腿及土司一起蒸，3分钟后先取出土司，盖上锅盖，续焖5分钟后再取出其余材料，将素火腿、菠萝片搭配土司一块食用即可。

咸冬瓜蒸豆腐

材料
板豆腐200克，肉丝60克，姜丝10克，辣椒丝适量

调料
咸冬瓜酱100克，酱油1小匙，细砂糖1/2小匙，料酒1小匙

做法
1. 板豆腐切小方块后，放入沸水中焯烫约10秒后沥干装盘备用。
2. 将肉丝与姜丝摆放在豆腐上，并将咸冬瓜酱、酱油、细砂糖及料酒拌匀后淋于豆腐上。
3. 电饭锅外锅倒入1/3杯水，放入盘子，按下开关，蒸至开关跳起后，放上辣椒丝即可。

肉末卤圆白菜

材料
圆白菜500克，猪肉馅100克，红葱油酥2大匙

调料
高汤200毫升，盐1/4小匙，鸡精1/4小匙，糖1/4小匙，酱油1大匙

做法
1. 圆白菜切大块后焯烫约10秒，取出沥干水分装碗；猪肉馅焯烫约10秒，取出沥干，撒至圆白菜上备用。
2. 将所有调料拌匀后与红葱油酥一起淋至圆白菜上。
3. 电饭锅外锅放入1杯水，连碗放入圆白菜，按下开关，蒸至开关跳起即可。

奶油菜卷

材料

圆白菜叶3大片，鸡胸肉200克，姜末少许，葱末少许，开水1/2杯

调料

淀粉1.5小匙，香油少许，鲜奶油1大匙，酱油1大匙，高汤1大匙，盐1大匙，胡椒粉少许

做法

1. 将圆白菜放入少许盐的开水（分量外）中烫软，沥干水分，修薄硬梗，将整张叶片一分为二；鸡胸肉剁碎，加入酱油、盐一起搅拌至略有黏性后拌入姜末、葱末备用。

2. 取适量鸡肉泥包入圆白菜叶，卷起固定，撒上少许淀粉再置于蒸盘上备用。

3. 电饭锅外锅加1/2杯开水，按下开关，待蒸汽冒出后，连碗放入圆白菜卷蒸8分钟，再倒入所有调料，续焖1分钟即可。

圆白菜虾卷

材料

虾仁150克，圆白菜1棵，葱花20克

调料

Ⓐ 盐1/4小匙，鸡精1/4小匙，细砂糖1/4小匙，姜末10克 Ⓑ 淀粉1大匙，香油1大匙

做法

1. 圆白菜挖去心后，完整的一片片取下6片，氽烫约1分钟后，再浸泡冷水，沥干后将叶茎处拍破；虾仁去肠泥洗净沥干，拍成泥，虾泥加入葱花、姜末及调味料A、淀粉及香油成虾浆，冷藏。

2. 将圆白菜叶摊开，将虾浆平均置于叶片1/3处，卷成长筒状后排放于盘子上。

3. 电饭锅外锅加入1杯水，放入蒸架后，将圆白菜卷整盘放置架上，盖上锅盖，按下开关，蒸至开关跳起即可。

干贝白菜

材料
干贝2粒，白菜400克，姜末5克，香芹末适量

调料
盐1/4小匙，细砂糖1/4小匙，色拉油1小匙

做法
1. 干贝放碗里，加入开水(淹过干贝)，泡约15分钟后剥丝连汤汁备用；白菜焯烫约10秒后沥干装盘。
2. 在干贝丝中加入盐及细砂糖拌匀，与色拉油一起淋至白菜心上。
3. 电饭锅外锅加入1/3杯水，放入盘子，按下开关，蒸至开关跳起，撒上香芹末即可。

蒸茄条

材料
茄子2个，青葱2根，蒜头8克

调料
细砂糖1/2小匙，酱油1小匙，蚝油1大匙，凉开水1大匙，香油1大匙

做法
1. 茄子洗净去蒂，切长段后再直切成粗条装盘备用。
2. 电饭锅外锅放入1/4杯水，放入盘子，按下开关，蒸至开关跳起后取出。
3. 葱及蒜头切碎，与所有调料拌匀，淋至茄子上即可。

注：蒸茄子冷食或热食均可。

蒸酿大黄瓜

🥗 材料
大黄瓜1条，猪肉馅300克

🍶 调料
盐、鸡精各1/4小匙，姜末、葱末各10克，酱油、料酒、细砂糖各1小匙，白胡椒粉1/2大匙，香油1大匙

🍲 做法
❶ 大黄瓜去皮后横切成高约5厘米的圆段，用小汤匙挖去子后洗净沥干，然后在黄瓜圈中空处抹上一层淀粉以增加黏性。

❷ 将猪肉馅放入钢盆中，加入盐、鸡精、细砂糖、酱油、料酒、白胡椒粉搅拌至有黏性。

❸ 在猪肉馅中加入葱、姜末及香油，拌匀后分塞至黄瓜圈中，抹平后装盘。

❹ 电饭锅外锅加入1/2杯水，放入盘子，按下开关，蒸至开关跳起即可。

干贝蒸山药

🥗 材料
干贝2粒，山药300克

🍶 调料
柴鱼酱油2小匙，味淋1小匙

🍲 做法
❶ 干贝放碗里，加入开水（淹过干贝），泡约15分钟后剥丝连汤汁备用。

❷ 将山药去皮，切圆段后装汤碗备用。

❸ 将干贝丝连汤汁加入柴鱼酱油及味淋，拌匀后一起淋至山药上。

❹ 电饭锅外锅加入1/3杯水，放入汤碗，按下开关，蒸至开关跳起即可。

椰汁土豆

材料
鸡腿肉150克，土豆200克，胡萝卜50克，洋葱50克

调料
椰浆150毫升，水50毫升，盐1/2小匙，细砂糖1小匙，辣椒粉1/2小匙

做法
1. 将土豆、胡萝卜及洋葱去皮洗净后切块；鸡腿肉切小块，放入沸水中焯烫约1分钟后洗净，与土豆、胡萝卜及洋葱一起放入电饭锅内锅中。
2. 内锅中加入所有调料。
3. 外锅加入1杯水（分量外），放入内锅，盖上锅盖后按下电饭锅开关，待开关跳起，跳起后再焖约20分钟后取出拌匀即可。

鸡汤苋菜

材料
苋菜100克，鸡高汤罐头1罐

调料
料酒15毫升

做法
1. 苋菜不切，直接摘除根与茎表面的粗纤维，洗净后充分沥干备用。
2. 取一深碗，加入苋菜，再倒入鸡高汤与料酒备用。
3. 电饭锅内锅中倒入2杯水，盖上锅盖，按下开关，煮至冒出蒸汽，放入碗蒸约5分钟即可。

清蒸时蔬

材料
圆白菜1/4棵，茭白笋1根，胡萝卜1/4根，洋葱1/2个，玉米1/2根，干香菇1个

调料
酱油18毫升，味淋18毫升，柠檬汁10毫升，糖5克

做法
1. 圆白菜叶片不剥下整份放入盘中备用。
2. 茭白笋切斜段；胡萝卜切2厘米厚的片；洋葱切片；玉米切5厘米长的段；香菇泡水至软，备用。
3. 将茭白笋、胡萝卜、洋葱、玉米、香菇放入盘中备用。
4. 所有调料混合调匀成蘸酱备用。
5. 电饭锅外锅中倒入2杯水，盖上锅盖，按下开关，煮至冒出蒸汽，放入盘子蒸约10分钟。
6. 取出蔬菜，蘸酱食用即可。

鲜菇蒸豆腐

材料
鸡蛋豆腐1盒，蟹味菇1把，金针菇1把

调料
高汤200毫升，蚝油1大匙，淀粉1小匙

做法
1. 鸡蛋豆腐切块，倒入盘中，铺上蟹味菇、金针菇。
2. 将所有调料调匀，倒入盘中。
3. 外锅放1杯水，将调好味的材料放入外锅，按下开关，蒸至开关跳起，取出即可。

美味小知识
1. 菇类本身味道较淡，可勾薄芡使口味较浓郁。
2. 也可以选用市售的整包综合菇类，非常方便。

茄香咸鱼

材料
茄子1条，咸鱼60克，葱丝少许

做法
1. 茄子切成长10厘米的段，每段再切成4小条后摆在盘中，将咸鱼切粗丁后撒茄子上。
2. 葱丝洗净，泡水再沥干备用。
3. 电饭锅内锅中倒入2杯水，盖上锅盖，按下开关，煮至冒出蒸汽，放入盘子蒸约6分钟。
4. 打开锅盖，在茄子撒放上葱丝，盖上锅盖续焖一下即可。

> **美味小知识**　咸鱼的种类很多，风味与咸度各不相同，请依照个人喜好增减分量；此菜因为用蒸的方式，且没有再加水稀释，因此咸味会较重，不需要再增添其他调料即可享用。

虾米蒸胡瓜

材料
胡瓜400克，虾米40克，姜末5克

调料
盐1/4小匙，高汤3大匙，细砂糖1/4小匙，色拉油1小匙

做法
1. 虾米放碗里，加入开水（淹过虾米），泡约5分钟后洗净沥干备用。
2. 胡瓜去皮切粗丝装盘。
3. 将高汤加入虾米、姜末、盐及细砂糖拌匀后与色拉油一起淋至胡瓜上。
4. 电饭锅外锅倒入1/3杯水，放入盘子，按下开关，蒸至开关跳起即可。

彩椒鲜菇

材料
西蓝花1/3棵，蟹味菇50克，红甜椒1/6个，黄甜椒1/6个，姜末1大匙，高汤1大匙

调料
素蚝油1大匙，糖1小匙，开水3杯，盐1小匙，淀粉1小匙，色拉油少许

做法
1. 西蓝花切小朵；蟹味菇切小段；红甜椒、黄甜椒切小菱形片；所有调料拌匀成酱汁。
2. 电饭锅内锅加2杯开水及1小匙盐，按下开关预热，再将上述材料分别焯烫捞起，摆入盘中，淋上酱汁。
3. 倒掉内锅的水，再于外锅加入1杯开水，按下开关，待蒸汽冒出，将盘放入外锅中，蒸3分钟后取出即可。

丝瓜蛤蜊蒸粉丝

材料
丝瓜300克，蛤蜊150克，细粉丝50克，袖珍菇50克，姜片15克

调料
水100毫升，盐2克，料酒15毫升，风味素2克

做法
1. 丝瓜去皮，切成约0.5厘米厚的圆片；蛤蜊吐沙后洗净；细粉丝在清水中泡至软，沥干后切适当长的段；袖珍菇用酒水（浓度15%）洗净，备用。
2. 取一稍有深度的盘子，依序放入粉丝、丝瓜片、蛤蜊、袖珍菇与姜片备用，将所有调料混合均匀后淋于其上。
3. 电饭锅内锅中倒入2杯水（分量外），盖上锅盖，按下开关，煮至冒出蒸汽，再放入盘子蒸约10分钟即可。

豆酱蒸桂竹笋

🌱 材料
桂竹笋200克，肉丝50克，泡发香菇2个，姜末5克，葱丝适量

🍶 调料
黄豆酱3大匙，辣椒酱1大匙，细砂糖1小匙，香油1小匙

🍳 做法
1. 桂竹笋切粗条焯烫后冲凉沥干；泡发香菇切丝，备用。
2. 将所有调料拌匀，加桂竹笋及肉丝略拌后装盘。
3. 电饭锅外锅放入1/2杯水，放入蒸架，将盘子放于蒸架上，按下开关，蒸至开关跳起，撒上葱丝即可。

蒸素什锦

🌱 材料
泡发木耳40克，金针15克，豆皮60克，泡发香菇5个，胡萝卜50克，竹笋50克

🍶 调料
素蚝油2大匙，细砂糖1小匙，淀粉1小匙，水1大匙，香油1大匙

🍳 做法
1. 金针用开水泡约3分钟至软后洗净沥干；豆皮、胡萝卜、木耳、竹笋、香菇切小块，备用。
2. 将所有材料及所有调料一起拌匀后，放入盘中。
3. 电饭锅外锅倒入1/4杯水（分量外），放入盘子，按下开关，蒸至开关跳起即可。

LESSON 10

餐后甜点
一丝甜蜜润心喉

蛋糕、甜品，任谁都爱来上一口，不求多，只求精，一小份就足以慰籍心里的渴求。一只电饭锅的生活，也能精致而又不单调！

蒸蛋糕

🍴 材料

低筋面粉　　250克
泡打粉　　　3克
全蛋　　　　240克
橄榄油　　　35毫升

🥄 调料

盐　　　　　2克
二砂糖　　　200克
牛奶　　　　40毫升

美味小知识

用电饭锅制作蒸蛋糕时，水量与时长掌握必须注意，以一个直径约20厘米的蒸蛋糕为例，加入水量为1.5杯，蒸的时间是25分钟，蛋糕越小，水分与时间就愈少，反之则愈多。

🍲 做法

1. 先将1杯水放入电饭锅外锅中，按下开关。
2. 将低筋面粉、泡打粉、盐一同过筛。
3. 将全蛋与二砂糖倒入钢盆中，隔水加热至43℃后，一同搅拌成蛋糊，再将蛋糊打至成乳白色细泡沫状，用刮刀铲起时蛋糊流速很慢，滴下时呈三角状。随后将做法2的材料倒入蛋糊中，一同搅拌均匀，做成面糊。
4. 将橄榄油与牛奶一同拌匀，取少量面糊倒入其中拌匀。
5. 将做法4的橄榄油牛奶面糊和做法3的剩余面糊一起拌匀，再将拌好的面糊装入模型中。
6. 将模型移入电饭锅，放置在已预热的锅子里，外锅加2杯水，按下开关。
7. 蒸好后，用一只叉子插入蛋糕体中，如果叉子不会粘上面糊，则表示蛋糕已经蒸熟，取出食用即可。

发糕

材料

A

在来米粉	40克
低筋面粉	160克
泡打粉	4克

B

细砂糖	140克
水	160毫升
食用色素	少许

做法

1. 将1杯水（分量外）放入电饭锅外锅中，按下开关。
2. 将材料B的细砂糖和水拌匀，搅至细砂糖溶化。
3. 将材料A的粉料混合过筛，加入糖水和食用色素拌匀，再装入模型内，装约八分满。
4. 将模型排入预热好的电饭锅里，外锅加1杯水（分量外），待开关跳起后再焖8分钟即可。

美味小知识

　　除电饭锅外，用蒸笼或炒菜锅均可蒸蛋糕，而使用电饭锅最大的优点，在于它是三者中能最快速做出蒸蛋糕的锅具，只不过因为蒸的温度无法调整高低，所以有时膨胀力或形状，没预期的完美。如果用来蒸糕点，外形则比较不如蒸笼蒸出来的那么蓬松，按下去会感觉较硬，稍微缺乏弹性。另一个跟蒸笼或炒菜锅蒸出来蛋糕不同的地方是，前两者蒸出来的蛋糕，表面呈现一个个气泡孔，而电饭锅蒸出来的蛋糕，表面质地会呈现龟裂状，颜色也稍微深一些。

马拉糕

材料

A

低筋面粉	110克
泡打粉	5克
卡士达粉	10克

B

砂糖	110克

C

鸡蛋	2个
鲜奶	30毫升
色拉油	45毫升

D

小苏打	2克
水	25毫升

做法

1. 将材料A混合过筛，与材料B一起拌匀成面糊。
2. 将蛋加入面糊中，用打蛋器拌匀后，加鲜奶搅拌至砂糖完全溶解，再加入色拉油拌匀。
3. 将小苏打与水调匀，加入面糊中，用刮刀仔细拌匀，然后倒入圆形模型静置20分钟。
4. 外锅倒入4杯水（分量外），按下开关，等水沸时将面糊放入电饭锅中，按下开关，蒸至开关跳起，取出放凉即可切块食用。

美味小知识　做法4中，放入面糊后直至开关跳起，中途绝对不可将锅盖打开，否则马拉糕就无法发起来了。

红豆汤

材料
红豆300克，水3000毫升

调料
二砂糖200克

做法

1. 检查红豆，将破损的红豆挑出。将红豆洗净后，以冷水（分量外）浸泡约半小时。

3. 取一炒锅，倒入可淹过红豆的水量，煮至滚沸，放入红豆焯烫约30秒去涩味，再捞起，沥干水分。

4. 在电饭锅内锅放入红豆，倒入3000毫升水，外锅加入2杯水（分量外），按下开关，煮至开关跳起，再焖约10分钟，检视红豆外观是否松软绵密，如果红豆不够绵密，外锅再加水继续煮至软，煮好后加入二砂糖即可。

传统豆花

材料
无糖豆浆800毫升，胶冻粉20克，水800毫升

调料
糖100克，焦糖浆少许

做法

1. 豆浆放入电饭锅内锅，外锅加1杯水（分量外），按下开关，煮至开关跳起，加入胶冻粉并不断地搅拌至胶冻粉完全溶解，取出锅子放凉，待凝结即为豆花。

2. 将水煮开后加入糖，等糖完全溶化后加少许焦糖浆拌匀即为糖水。

3. 将糖水淋入豆花中食用即可。

美味小知识
二级黄砂糖、细砂糖、白砂糖均适用；胶冻粉可用果冻粉取代。

酒酿汤圆

材料
市售汤圆10粒，酒酿100克，鸡蛋2个，水2杯

调料
细砂糖2大匙

做法
1. 内锅加7.5杯水（分量外），外锅加1杯水（分量外），煮至蒸汽散出后，放入市售汤圆，待汤圆浮上水面取出，备用。
2. 另取小锅，加入2杯水、酒酿与细砂糖，外锅加1/2杯水（分量外），煮至蒸汽散出。
3. 将蛋在小碗中打散备用。
4. 将汤圆捞至锅中，再将打散的蛋液慢慢淋至小锅中即可。

冰糖莲子汤

材料
干燥莲子200克，水5杯

调料
冰糖75克

做法
1. 将全部的干燥莲子放入水中洗净，再泡入冷水中约1小时至微软。
2. 取一锅，放入沥干泡过的莲子，再加5杯水。
3. 将冰糖放入内锅中，再放至外锅内，外锅加4杯（分量外），煮约2小时即可（冰凉食用风味更佳）。

美味小知识
很多人不喜欢莲子心的苦味，在烹煮前可以去掉，方法很简单，莲子泡好水后，用牙签直接从莲子尾端穿过，这样就可把莲子心剔除掉。

薄荷香瓜冻

🥗 材料
薄荷汁200毫升，薄荷酒15毫升，香瓜汁600毫升，开水1杯，冷开水30毫升

🧂 调料
吉利T粉20克，细砂糖100克，琼脂粉3克

🍳 做法
❶ 将琼脂粉与30毫升冷开水拌匀备用。

❷ 将吉利T粉与砂糖搅拌均匀备用。

❸ 电饭锅外锅加1杯开水，按下开关，放入琼脂，不要盖回锅盖，且需不停搅拌约2分钟至琼脂煮化，再加吉利T粉，一直搅拌至呈果冻状时，关掉电源，倒入薄荷汁、薄荷酒、香瓜汁拌匀，再倒入模型中，待稍凉时放入冰箱冷藏即可。

绿豆仁炖山药

🥗 材料
绿豆仁500克，山药500克，红枣50克，水15杯

🧂 调料
冰糖2大匙

🍳 做法
❶ 将绿豆仁、红枣洗净后泡水约10分钟，备用。

❷ 山药削皮后切成小丁状。

❸ 内锅加入15杯水、绿豆仁、红枣，外锅加入1杯水（分量外）煮约15分钟后，加入山药再煮15分钟。

❹ 将冰糖加入锅中，煮约3分钟让其溶化即可。

美味小知识　　红枣也有提甜味的功能，所以冰糖的分量可斟酌调整，最好边加冰糖边试味道。

杏仁水果冻

材料
杏仁露4汤匙，鲜奶300毫升，冷开水50毫升，芒果丁适量，奇异果丁适量，开水3杯

调料
冰糖200克，琼脂粉10克

做法
1. 琼脂粉与少许冰糖搅拌均匀后，倒入冷开水，搅匀备用。
2. 电饭锅外锅加3杯开水，按下开关，倒入琼脂及冰糖，用汤勺不断搅动，待冰糖溶解后即用滤网过滤备用。
3. 将过滤的琼脂稍冷后加入杏仁露、鲜奶拌匀，倒入模型中，待完全冷却时放入冰箱冷藏，食用前加入芒果丁、奇异果丁即可。

银耳红枣桂圆汤

材料
银耳30克，红枣10颗，桂圆50克，水5杯

调料
冰糖75克

做法
1. 银耳泡水至发软，剪去硬蒂后，用手掰成小块，备用。
2. 红枣、桂圆用清水洗净备用。
3. 取内锅，将银耳、桂圆、红枣、水及冰糖，放入外锅中，并在外锅中加4杯水（分量外），煮约2小时即可（冰凉食用风味更佳）。

川贝莲子炖雪梨

🖐 材料
梨1个，川贝15克，干莲子15克，红枣4颗

🫙 调料
冰糖1小匙

📋 做法
① 将川贝、干莲子用60℃的温水浸泡约40分钟；红枣洗净后用60℃温水净泡10分钟，备用。
② 将梨上端带梗部位切掉一小部分使其呈平口状，再用挖球器挖掉中间的梨心，并削皮备用。
③ 将处理好的梨，中间放入川贝、莲子、红枣及冰糖，用碗装盛后，加入适量水，将梨心注满水至中间馅料浮至梨口，其余水倒在盛梨的碗中，放入电饭锅中，外锅加入2杯水蒸约90分钟即可。

百合莲枣茶

🖐 材料
新鲜莲子20克，新鲜百合根15克，枸杞子5克，红枣5克，水3.5杯

🫙 调料
冰糖1大匙

📋 做法
① 将新鲜莲子除去中间的心，再与新鲜百合根一起用煮沸的开水略为焯烫1分钟，捞起后沥干水分备用。
② 将枸杞子与红枣略为清洗后用沸水焯烫30秒钟，捞起后沥干水分备用。
③ 将莲子与枸杞子、红枣焯烫好后放入大碗中，加入3.5杯水及冰糖，再放入电饭锅中，外锅加1杯水（分量外），蒸30分钟即可。

绿豆汤

材料
绿豆300克，开水3000毫升

调料
二砂糖200克

做法
1. 将破损的绿豆挑出，放入水中洗净，除去表面的灰尘和杂质。
2. 取一内锅，放入绿豆。
3. 在内锅中加入3000毫升开水。
4. 外锅加3杯水（分量外），盖上锅盖，按下开关。
5. 待开关跳起，加入二砂糖均匀搅拌即可。

花生汤

材料
花生仁300克，水2400毫升

调料
白砂糖100克

做法
1. 检查花生仁状况，把破裂或有味道的挑出来。
2. 花生仁先用冷水泡约1小时，去除苦味、涩味以及软化外皮。
3. 取一电饭锅内锅，放入沥干的花生仁、400毫升冷水，外锅放水400毫升（分量外），蒸约1小时至软烂。
4. 在内锅加入2000毫升冷水，然后再加入白砂糖，轻轻搅拌一下。
5. 将内锅放入电饭锅中，继续蒸煮约2小时即可。

芋头西米露

🍲 **材料**
芋头1/2条，西米100克，水5杯

🧂 **腌料**
糖5大匙，椰奶适量

🍳 **做法**
1. 芋头去皮切小丁，放入内锅。
2. 将芋头放进电饭锅中，加入水，盖上锅盖，按下开关，待开关跳起，放入西米。
3. 盖上锅盖按下开关，待开关跳起，加糖及椰奶调味即可。

紫山药桂圆甜汤

🍲 **材料**
紫山药100克，桂圆30克，红枣10颗，水4杯

🧂 **调料**
糖3大匙

🍳 **做法**
1. 紫山药去皮切块；桂圆、红枣泡水洗净，备用。
2. 取一内锅，放入紫山药块、桂圆、红枣及水。
3. 将内锅放入电饭锅中，盖锅盖后按下开关，待开关跳起后，加糖调味即可。

姜汁红薯汤

🍲 材料
姜100克，红薯30克，水6杯

🍶 调料
红糖适量

🍳 做法
1. 姜去皮切块，打成汁；地瓜去皮切块，备用。
2. 取一内锅，放入地瓜、姜汁及水。
3. 将内锅放入电饭锅中，外锅放1杯水（分量外），盖锅盖后按下开关，待开关跳起后，加红糖调味即可。

> **美味小知识**　姜汁红薯汤就是要加红糖才对味，因为红糖有一股浓郁却不会过甜的风味，与姜搭配非常适合。

牛奶花生汤

🍲 材料
花生2杯，水6杯

🍶 调料
牛奶1/2杯，糖6大匙

🍳 做法
1. 花生洗净，放入杯中，加开水盖上盖子，浸泡2小时后，洗净沥干备用。
2. 取一内锅，放入花生及水。
3. 将内锅放入电饭锅中，外锅放3杯水（分量外），盖锅盖后按下开关，待开关跳起后，加糖及牛奶调味即可。

红豆麻糬汤

🍚 **材料**

红豆1杯，麻吉烧5个，水5杯

🥣 **调料**

糖5大匙

🍳 **做法**

❶ 红豆洗净，放入杯中，加开水，盖上盖子，泡2小时备用。

❷ 取一内锅，放入红豆及水。

❸ 将内锅放入电饭锅中，外锅放1.5杯水（分量外），盖锅盖后按下开关，待开关跳起后放入麻吉烧，盖锅盖焖20分钟，加入糖调味即可。

紫米莲子甜汤

🍚 **材料**

紫米1杯，新鲜莲子1杯，水6杯

🥣 **调料**

糖适量

🍳 **做法**

❶ 紫米洗净，泡水2小时，洗净沥干备用。

❷ 取一内锅，放入紫米及水。

❸ 将内锅放入电饭锅中，外锅放2杯水（分量外），盖锅盖后按下开关，待开关跳起后放入洗净的莲子，外锅再放2杯水（分量外），盖锅盖后按下开关，待开关跳起后，加糖调味即可。

> **美味小知识**　因为莲子不好泡透，如果在料理前才浸泡肯定来不及，因此最好在前一晚将莲子浸泡清水，隔天再来料理就轻松又快速了。

绿豆薏仁汤

材料
绿豆1杯，薏仁1杯，水6杯

调料
糖少许

做法
1. 绿豆、薏仁洗净后，泡水20分钟沥干备用。
2. 取一内锅，放入绿豆、薏仁及水。
3. 将内锅放入电饭锅中，外锅放2杯水（分量外），盖锅盖后按下开关，待开关跳起后，加糖调味即可。

枸杞子桂圆汤

材料
桂圆肉50克，枸杞子20克，水5杯

调料
糖6大匙

做法
1. 桂圆肉洗净；枸杞子洗净沥干，备用。
2. 取一内锅，放入桂圆肉、枸杞子及水。
3. 将内锅放入电饭锅中，外锅放2杯水（分量外），盖锅盖后按下开关，待开关跳起后，加糖调味即可。

冰糖炖雪梨

材料
水梨4个(约600克),水800毫升

调料
冰糖100克

做法
1. 水梨去皮备用。
2. 将所有材料与冰糖放入电饭锅中,外锅加 1/2杯水（分量外）,盖上锅盖,按下开关,待开关跳起,续焖10分钟即可。

木瓜炖冰糖

材料
未熟透木瓜1/2个,水500毫升

调料
细砂糖110克,冰糖1.5大匙

做法
1. 木瓜去皮、去籽,切块备用。
2. 将木瓜块、冰糖和水,放入内锅中,外锅加1杯水（分量外）,按下开关,煮至开关跳起即可。

花生仁炖百合

材料
脱膜花生仁80克，干百合20克，水600毫升

调料
冰糖2大匙

做法
1 花生仁隔夜泡水后，取出沥干水分备用。
2 干百合泡水1小时至软，取出沥干水分备用。
3 将花生仁、干百合、冰糖和水，放入内锅中，外锅加2杯水（分量外），按下开关，煮至开关跳起即可。

糯米百合糖水

材料
圆糯米80克，干百合20克，水800毫升

调料
二砂糖2大匙

做法
1 糯米洗净，泡水2小时，取出沥干水分备用。
2 干百合泡水1小时至软，取出沥干水分备用。
3 将圆糯米、百合、二砂糖和水，放入内锅中，外锅加1.5杯水（分量外），按下开关，煮至开关跳起即可。

红枣炖南瓜

🥬 **材料**
绿皮南瓜300克，红枣5颗，水600毫升

🧂 **调料**
细砂糖1.5大匙

🍳 **做法**
❶ 南瓜去皮、去子，切块；红枣洗净，备用。

❷ 将南瓜块、红枣、细砂糖和水，放入内锅中，外锅加1.5杯水（分量外），按下开关，煮至开关跳起即可。

菠萝银耳羹

🥬 **材料**
罐头菠萝1罐，银耳30克，红枣10颗，水4杯，枸杞子10克

🍳 **做法**
❶ 银耳泡水使其软化，再用果汁机打碎备用。

❷ 取一内锅，放入银耳碎、红枣、枸杞子及水。

❸ 将内锅放入电饭锅中，外锅放1杯水（分量外），盖锅盖后按下开关，待开关跳起后，加罐头菠萝（含汤汁）即可。

美味小知识　利用罐头菠萝汤汁的甜味来调味就足够，但是如果喜欢甜味重一点的，可以再添加适量糖调味。

红薯薏仁汤

🥣 材料
薏仁	100克
红薯	300克
水	1000毫升

🧂 调料
冰糖	适量

🍲 做法
① 薏仁洗净，泡水约6小时后沥干，备用。

② 红薯洗净，去皮、切丁，备用。

③ 将薏仁和水放入内锅中，再放入电饭锅，于外锅加入2杯水（分量外），按下开关，煮至开关跳起，焖约5分钟。

④ 接着放入红薯丁，于外锅再加入1/2杯水（分量外），煮至开关跳起，焖约5分钟，最后加入冰糖拌匀即可。